Eva-Maria und Wolfgang Dreyer

Wildkräuter, Beeren und Pilze

Erkennen, sammeln und genießen

mit 119 Rezepten

KOSMOS

W0202247

Wie bestimme ich mit dem Kosmos-Farbcode?

Symbole

- höchstens 4 Blütenblätter
- 5 Blütenblätter
- mehr als 5 Blütenblätter
- 2-seitig symmetrische Blüten
- Bäume/Sträucher
- Pilze

Impressum

Mit 167 Farbfotos von Eva-Maria und Wolfgang Dreyer (6, 7, 15, 21, 29 beide, 31, 35 beide, 37 beide, 39, 43, 44, 45, 46, 48/49, 51, 55, 59, 65, 69, 73, 77, 85, 87 beide, 91, 95, 96, 97, 98, 99, 105, 109, 115, 121 l., 125 u., 134, 135, 136, 137, 138/139, 141, 145, 149, 151, 152, 153, 161, 166, 167, 169 beide, 170, 171), Manfred Pforr (14, 52 beide, 58, 62, 74, 80 beide, 83, 90, 103, 106, 148, 152), Eckart Pott (2/3, 32, 60), Hecker (24, 74, 86) und Hans E. Laux (alle übrigen), zwei Farbzeichnungen von Marianne Golte-Bechtle (9) und Wolfgang Lang (8) und fünf Symbolen von N. Baasner sowie einem Symbol (Beere) von Wolfgang Lang.
Umschlaggestaltung von eStudio Calamar unter Verwendung von einer Aufnahme von Reinhard-Tierfoto (Bär-Lauch *Allium ursinum*).

Alle Angaben in diesem Buch erfolgen nach bestem Wissen und Gewissen. Sorgfalt bei der Umsetzung ist indes dennoch geboten. Verlag und Autoren übernehmen keinerlei Haftung für Personen-, Sach- oder Vermögensschäden, die aus der Anwendung der vorgestellten Materialien und Methoden entstehen könnten. Dabei müssen geltende rechtliche Bestimmungen und Vorschriften berücksichtigt und eingehalten werden.

Unser gesamtes lieferbares Programm und viele weitere Informationen zu unseren Büchern, Spielen, Experimentierkästen, DVDs, Autoren und Aktivitäten finden Sie unter **www.kosmos.de**

MIX
Papier aus verantwortungsvollen Quellen
FSC® C004592
www.fsc.org

Gedruckt auf chlorfrei gebleichtem Papier

2. Auflage
© 2008 Franckh-Kosmos Verlags-GmbH & Co. KG, Stuttgart
Alle Rechte vorbehalten
ISBN 978-3-440-11487-2
Projektleitung: Carsten Vetter
Redaktion: Dr. Sigrun Künkele
Gestaltungskonzept: eStudio Calamar
Produktion: Buch & Konzept, Annegret Wehland, München
Printed in Germany / Imprimé en Allemagne

Inhalt

Einleitung

Bestimmungsteil

Einleitung

Ein Blick zurück

Wir befinden uns im Jahre 2005 v. Chr. am Ende der Jungsteinzeit. In einem gebrannten Tonkessel brodelt das Mittagessen auf dem Feuer: ein kräftiger Sud aus Trockenfleisch, Dinkelkörnern, Pastinaken, Bärlauchzwiebeln und Linsen. Als Würze zerstoßene Sauerampferblätter, Wiesenkerbelstängel, Brennnesseltriebe, junge Schafgarbenblätter, ganze Spitzwegerichpflanzen und scharfer Knöterich. Salz gibt es nicht, den Geschmack liefern die Wildkräuter. Kurze Zeit später löffelt die Familie den Steinzeiteintopf. So ungefähr muss es gewesen sein, denn an Gefäßresten aus der Jungsteinzeit wurden Spuren all dieser Pflanzen gefunden. Zehntausende Jahre ernährten sich die Menschen direkt aus der Natur. Sie kannten die Kräuter, Beeren und Pilze ihrer Umgebung und verstanden es, sie richtig zu nutzen. Viele Kochrezepte sind überliefert, haben hinter klösterlichen Mauern die Zeit überdauert und erleben nun eine Renaissance. Völlig zu Recht, denn viele können ein Geschmackserlebnis zurückbringen, das durch das „fooddesign" der heutigen Lebensmittel verloren gegangen ist. Den unvergleichlichen Geschmack einer Walderdbeere, die köstliche Süße einer Preiselbeermarmelade, die zarte Bitterkeit von Vogelbeersirup oder das feine Aroma der Kohlgänsedistel neu zu erleben, ist ein wirklich besonderes Erlebnis.

Wer sich die Mühe macht, Brombeeren, Himbeeren und Blaubeeren selber zu pflücken, wird mit köstlichen Früchten belohnt.

Zu diesem Buch

Daher bietet Ihnen dieses Buch die Möglichkeit, 101 häufige und weit verbreitete Arten in der Natur zu finden, sicher zu bestimmen, von ähnlichen Arten zu unterscheiden und in ausgesuchten, erprobten, schmackhaften Rezepten zu verwenden. Und genau wie wir werden auch Sie beim Kochen die eine oder andere Überraschung erleben. Wenn sich beispielsweise ein Brennnesselrisotto, ein Holunderbrot oder ein Hopfenlikör als unerwartete Gaumenfreude erweisen.

Um Ihnen einen besseren Überblick über die im Laufe einer Vegetationsperiode vorhandenen Wildkräuter, Beeren und Pilze zu ermöglichen, ist das Buch nach Jahreszeiten gegliedert. Es beginnt mit dem Frühling und den Monaten März, April, führt über den Frühsommer mit Mai, Juni und den Sommer mit Juli, August zum Herbst, der die Monate September und Oktober umfasst.

Innerhalb eines Jahreszeitenkapitels finden sich zunächst die Blumen, dann die Bäume und Sträucher und zuletzt die Pilze. Innerhalb der Blumen bestimmen Blütenfarbe und Blütenform die Reihenfolge. Es sind dies die 5 Farben Weiß, Gelb, Rot inklusive Rosa, Blau inklusive Violett und Grün bzw. Braun. Und die 4 bekannten Blütenformen, nämlich Blüten mit höchstens 4 Blütenblättern, mit 5 Blütenblättern, mit mehr als 5 Blütenblättern und 2-seitig symmetrischen Blüten.

Die Artporträts sind immer nach dem gleichen Schema aufgebaut. Nach Angaben zu Volksnamen, lateinischem Namen und Pflanzenfamilie werden Merkmale, Blütezeit und Fundorte beschreiben. Im Weiteren weisen wir auf Verwechslungsmöglichkeiten mit anderen essbaren, aber auch giftigen Arten hin. Und schließlich folgen Hinweise zu Ernte

Duftende Terpene verleihen Hopfenlikör seinen Geschmack.

und Verwertung. Unter dem Punkt Achtung werden Besonderheiten, Risiken und Vorsichtsmaßnahmen im Umgang mit der jeweiligen Pflanze genannt. Bei allen Arten, die auf einer Doppelseite vorgestellt werden, finden sich zusätzlich nützliche Küchen-Tipps sowie einige Rezepte. Diese sind, wenn nicht anders angegeben, jeweils für 4 Portionen gedacht. Dies gilt auch für die Rezepte, die im Anschluss an die einzelnen Jahreszeitenkapitel zusammengestellt sind.

Die Namen der Pflanzen

Für jede Pflanze gibt es regional unterschiedliche Volksnamen. So heißt das Gänseblümchen auch Maßliebchen oder Regenblume. Um Verwechslungen auszuschließen, führte der Botaniker Carl von Linné im 18. Jahrhundert ein wissenschaftliches Namenssystem ein. Danach bekam jede Pflanze einen zweiteiligen lateinischen Namen. Der groß geschriebene erste Teil gibt die Gattung an, der klein geschriebene Zusatz die Art. Das Gänseblümchen heißt somit international einheitlich *Bellis perennis*.

Einleitung

Einige botanische Grundbegriffe
Für das Bestimmen von Pflanzen sind eine Reihe botanischer Fachausdrücke unverzichtbar, die im Folgenden kurz erläutert werden.
Jede Pflanze besteht aus Wurzel, Stängel, Blatt und Blüte. Die **Wurzeln** verankern die Pflanze in der Erde. Sie können als Pfahlwurzel tief in den Boden vordringen, als Knolle, Rübe, Zwiebel oder als weit verzweigtes Rhizom ausgebildet sein.
Der **Stängel** ist das Gerüst der Pflanze. Je nach Lebensform wächst er aufrecht oder kriecht über den Boden, ist er verzweigt oder unverzweigt.
Die **Blätter** treten in den verschiedensten Formen auf. Sie können sich beispielsweise rund, nadel-, ei-, herz- oder pfeilförmig entfalten, einfach oder gefiedert sein. Die Blätter sind entweder über den ganzen Stängel verteilt oder sie bilden eine Rosette dicht über dem Boden. Auch die Ausgestaltung des Blattrands – er ist in der Mehrzahl der Fälle gezähnt, gekerbt, gebuchtet oder ganzrandig – und die Stellung der Blätter am Stängel ist für die Bestimmung wichtig. Stehen sich Blätter paarweise gegenüber, spricht man von gegenständigen Blättern, wachsen sie abwechselnd am Stängel von wechselständigen Blättern.
Die **Blüten** bestehen aus Kelchblättern, Blüten- oder Kronblättern, Staubblättern, Fruchtknoten, Griffel und Narbe. Sie können einzeln am Stängel stehen oder auf verschiedenste Weise in Blütenständen angeordnet sein, z. B. in Dolden, Ähren, Trauben, Rispen, Knäueln oder Köpfchen.
Die Vielfalt der **Früchte** ist erstaunlich. Es gibt Pflanzen, die Beeren (Holunder), Nussfrüchte (Haselnuss) oder Steinfrüchte (Kirsche) entwickeln. Und es gibt Hülsen (Steinklee) und Schoten (Hederich), die sich bei Trockenheit öffnen und die Samen freigeben.
Pilze unterscheiden sich in Bau und Lebensweise grundsätzlich von den Blütenpflanzen. Sie besitzen kein Chlorophyll, mit dessen Hilfe Pflanzen ihre Ernährung sicherstellen. Alle Stoffe, die Pilze zum Leben und Wachsen brauchen, entziehen sie dem Boden, der

Schematischer Aufbau eines Hutpilzes

Schema eines Röhrenpilzes (Beispiel Gallenröhrling, Tylopilus felleus*) und eines Lamellenpilzes (Beispiel Grüner Knollenblätterpilz,* Amanita phalloides*); beachten Sie, dass die verschiedenen Merkmale nicht immer so prägnant ausgebildet und ersichtlich wie in diesen Beispielen sind. Auch die Farben variieren in der Realität.*

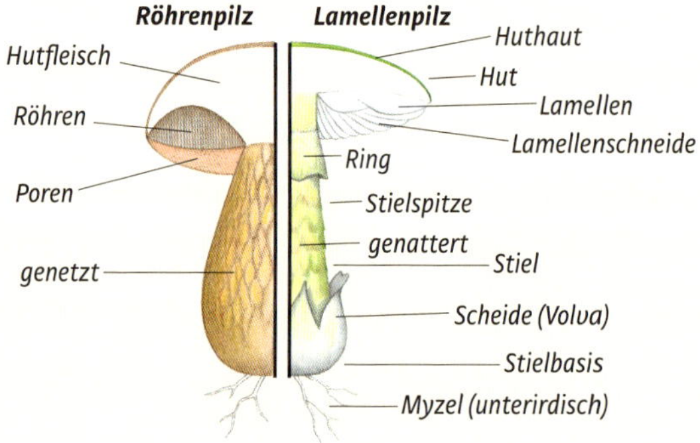

Laub- und Nadelstreu, totem oder lebendem Holz. Pilze erkennt und bestimmt man anhand einer Vielzahl von Merkmalen. Die wichtigsten sind Größe, Farbe, Stiel- und Hutform, Lamellen- oder Röhrengestalt, Geruch und Geschmack. Allgemein kann man sagen, dass die meisten essbaren Pilze zwei großen Gruppen angehören, den Lamellen- oder Blätterpilzen und den Röhrenpilzen.

Die Alleskönner der Natur – sekundäre Pflanzenstoffe

Bis vor kurzem glaubte man, Vitamine und Minerale seien die wichtigsten Bestandteile der Nahrung. Sie seien „essenziell", also unverzichtbar, hieß es. Das sind sie auch wirklich.

Fachausdrücke im Bild

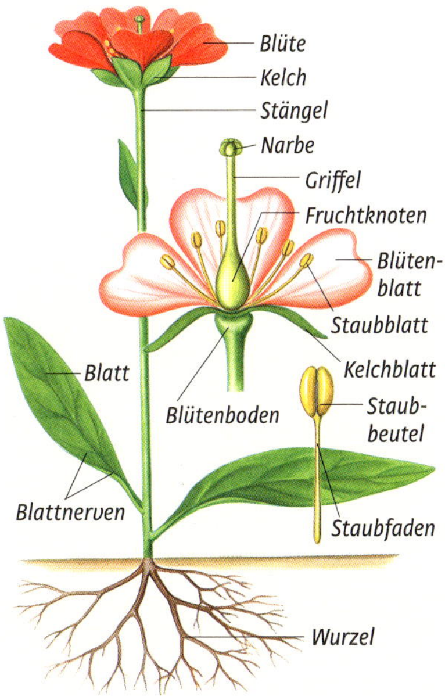

Aber die moderne Forschung entdeckt gerade neue Stoffgruppen, die ebenso wichtig sind, die „sekundären Pflanzenstoffe". Rund 30 000 sind bereits bekannt, ihre Wirkung für den Körper aber noch lange nicht endgültig erforscht. Aber es ist jetzt schon klar, dass darunter wichtige Stoffe sind, die das Immunsystem stärken, Infektionen verhindern und Herz-Kreislauferkrankungen abschwächen. Aber zunächst waren und sind sekundäre Pflanzenstoffe die wichtigsten Waffen der Pflanzen, sich vor Pilz- und Bakterieninfektionen zu schützen, die Blätter vor Sonnenbrand zu bewahren und die vielen Pflanzenfresser unter den Insekten abzuschütteln. Und ganz nebenbei profitieren wir Menschen als „Gemischtköstler" von diesen seit Millionen von Jahren erprobten Inhaltsstoffen. Gerade in Wildkräutern, Beeren und Pilzen sind viele dieser Alleskönner vorhanden:

Polyphenole kommen in den Blättern fast aller Pflanzen vor. Sie verleihen den Pflanzen ihr Aroma und den Blüten Farbstoffe. Uns unterstützen sie bei der Abwehr von Infektionen und helfen uns, Stoffe, die die Zellen schnell altern lassen, die so genannten Radikale, einzufangen. Sie haben ganz sicher auch eine schützende Funktion gegen Krebsentstehung.

Phytosterine kommen in Nüssen und Hülsenfrüchten vor und senken den Cholesterinspiegel.

Glucosinolate sind für den scharfen Geschmack vieler Kreuzblütler wie Senf oder Wiesenschaumkraut verantwortlich. Auch hier werden Krebsschutzwirkungen vermutet.

Terpene lassen Rosen duften, Salbeiblüten intensiv schmecken und machen Pfefferminze unvergleichlich. Diese Aromastoffe werden ebenfalls untersucht, weil man ihnen Bedeutung bei der Krebsprävention zuspricht.

Saponine sind eine besondere Stoffgruppe. In hohen Dosen wie in Maiglöckchenblättern und deren Früchten sind sie oft tödlich, in kleinen Dosen sind sie jedoch in vielen Pflanzen vorhanden und werden heute als weniger schädlich eingestuft. Sie werden besonders intensiv erforscht, da man in ihnen die wirksamsten Mittel zur Cholesterinsenkung und zum Schutz vor Darmkrebs vermutet.

Sulfide sind schwefelhaltige Verbindungen, die vor allem in Zwiebeln, Bärlauch, Spargel und Knoblauch vorkommen. Ihnen werden ähnliche Schutzwirkungen zugesprochen wie den Glucosinolaten.
Wir haben in diesem Buch die in der Literatur bekannten Schadwirkungen der Inhaltsstoffe sehr gründlich berücksichtigt und warnen Sie mit Mengenangaben oder Hinweisen, wo immer nötig.

Wildkräuter im Schatten zu trocknen, ist die schonendste Methode, ihre Wirkstoffe zu bewahren.

Die 11 wichtigsten Sammeltipps

1. Sammeln Sie nur Pflanzen und Pilze, die Sie ganz sicher und eindeutig bestimmt haben.
2. Sammeln Sie nie in Naturschutzgebieten. Das ist verboten, da dort viele Pflanzen und die auf sie angewiesenen Tiere ihre letzten Rückzugsgebiete haben.
3. Es ist besser, nicht an den Rändern viel befahrener Straßen zu sammeln, da Pflanzen oft die Schadstoffe aus Autoabgasen aufnehmen.
4. Sammeln Sie nur frische, gesunde Pflanzen oder Pilze, keine, die welk, zerzaust oder überaltert aussehen. Und verwerten Sie diese möglichst gleich, auch wenn Sie sie z. B. für den späteren Gebrauch trocknen wollen.
5. Suchen Sie schon draußen Pflanzen und Pilze nach Tieren wie Schnecken oder Insekten ab. Oft lassen sich diese einfach abschütteln. Von Maden befallene Pilze an der gleichen Stelle liegen lassen, damit deren Entwicklung in den Pilzen weitergehen kann. Pilzmücken sorgen für die Verbreitung der Sporen, wie wir heute wissen.
6. Transportieren Sie Wildkräuter, Pilze und Beeren nur in luftigen Körbchen, offenen Schalen oder Papiertaschen.
7. Nutzen Sie das Angebot der Pilzberatungsstellen, die zur Pilzzeit überall geöffnet sind.
8. Nehmen Sie nur so viel mit, wie Sie verbrauchen wollen.
9. Sammeln Sie möglichst nur in größeren Beständen und nie alle Exemplare eines Fundorts.
10. Es hat sich bewährt, Pilze ganz früh morgens, Blüten mittags und Beeren nachmittags zu sammeln. Pilze weisen dann kaum Maden auf, Blüten bieten den reichsten Geschmack ihres Nektars und Beeren sind nachmittags reifer und süßer.
11. Beim Genuss roher Wildpflanzen besteht eine gewisse, wenn auch eher geringe Gefahr, die Eier des Fuchsbandwurms zu sich zu nehmen. Um eine Infektion zu vermeiden, sollte man daher möglichst nicht bodennah bzw. in bekannten Fuchsgebieten sammeln und das Sammelgut zu Hause gut abwaschen. Auch Kochen hilft, denn die Eier überstehen Temperaturen von über 60 °C nicht.

Reiche Ernte: Vor Ort gleich die madigen Stellen ausschneiden.

Wir wünschen Ihnen erlebnisreiche Stunden beim Sammeln und neue Genüsse in der Wildkräuterküche.

Dr. Eva-Maria Dreyer
Dr. Wolfgang Dreyer

Der Frühling ist die Zeit zarter Aromen und würziger Salate. In feuchten Laubwäldern bildet der Bärlauch mit seinen nach Zwiebeln und Knoblauch riechenden Blättern grüne Teppiche. Auch die Knoblauchsrauke am Heckenrand bringt diesen würzigen Geschmack in zarterer Form in einen Frühlingssalat. Die Blüten des Gänseblümchens verzieren nicht nur, sondern geben zerkleinert Quark eine geheimnisvolle blumige Note. Und die Blätter des Scharbockskrauts sind so Vitamin-C-haltig, dass sie seit jeher verwendet wurden, den Körper im Frühling auf natürliche Weise neu zu beleben.

Brunnenkresse

Wasserkresse, Heilkresse, Bruchsalat, Krötenkraut

Nasturtium officinale
Kreuzblütler

Merkmale Ausdauernde Wasserpflanze mit hohlen Stängeln, 30–90 cm lang. Gefiederte Blätter, setzen sich aus 5 bis 9 kleinen, glänzend dunkelgrünen Teilblättchen zusammen. Blütentraube aus kleinen weißen Blüten, deren Staubbeutel gelb sind.

Blütezeit Mai bis August.

Fundorte Bildet große Bestände in langsam fließenden Gewässern mit klarem, kühlem Wasser.

Verwechslung Man könnte die Brunnenkresse mit dem ebenfalls an feuchten Stellen wachsenden Bitteren Schaumkraut (*Cardamine amara*) verwechseln. Aber ein Blick auf Staubbeutel und Stängel schließt jeden Irrtum aus: Die Brunnenkresse besitzt einen hohlen Stängel und gelbe Staubbeutel, das Bittere Schaumkraut dagegen einen markigen Stängel und violette Staubbeutel. Sollte es doch einmal zu einer Verwechslung kommen, wäre das nicht weiter schlimm, da sämtliche Schaumkrautarten essbar sind.

Ernte Gesammelt wird die ganze Pflanze ohne die Wurzel. Die beste Zeit zum Ernten sind die Monate April bis September. Triebspitzen kann man bereits im zeitigen Frühjahr pflücken. Ältere Blätter und Stängel schmecken jedoch intensiver als die ganz jungen.

Verwertung Salate, Gemüsegerichte, Suppen, Soßen, Aufläufe, Soufflés, Brotaufstrich, Kräuteressig.

Achtung An den Blättern sitzen oft Insektenlarven und kleine Schnecken. Deshalb sehr gründlich waschen.

Küchen-Tipp Brunnenkresse ist eine der am meisten gesammelten Wildpflanzen. Sie schmeckt scharf und, wie alle Kreuzblütler, ein wenig bitter. Man isst sie roh in Frühlingssalaten, als Gewürz in pikanten Quarkspeisen oder feinen Kräutersoßen. Und ein Vitaldrink aus 3 EL frischem Brunnenkressesaft vermischt mit Wasser, Molke oder Buttermilch vertreibt jede Frühjahrsmüdigkeit. 3 EL Brunnenkressesaft täglich genügen. Denn Brunnenkresse kann, wenn man zu viel davon zu sich nimmt, die Magenschleimhaut reizen. Im Geschmack etwas milder und verträglicher wird die Brunnenkresse durch Kochen. Besonders bekannt ist die Brunnenkressesuppe, aber auch als Soße oder Kräuterbutter passt sie ausgezeichnet zu den verschiedensten Fischgerichten.

Brunnenkressesalat – ein würziger, gesunder Genuss

Brunnenkressesalat

200 g Brunnenkresse, ½ Kopf Eisbergsalat, 2 Äpfel, 2 Möhren, etwas Zitronensaft, einige Walnusskerne
Für die Marinade: süße Sahne, süßer Senf, Olivenöl, Aceto Balsamico, Salz

1. Brunnenkresse und Eisbergsalat waschen und schneiden.
2. Äpfel achteln und in dünne Scheiben schneiden, Möhren in dünne Streifen schneiden, beides mit Zitronensaft beträufeln.
3. Alle Zutaten in einer Schüssel mischen, die Marinade löffelweise darüber verteilen, mit den Walnusskernen bestreuen.

Brunnenkressesoße

1 Zwiebel, geeiste Butter, 5 EL trockener Weißwein, 1 EL Weißweinessig, 2 Bund Brunnenkresse, 0,5 l helle Gemüsebrühe, süße Sahne, Salz, Pfeffer

1. Die Zwiebel schälen, fein hacken, in Butter glasig dünsten. Weißwein und Weinessig hinzufügen und kochen, bis die Flüssigkeit reduziert und sirupartig ist.
2. Brunnenkresse hacken, die Hälfte davon zu der reduzierten Zwiebelmasse geben, mit Gemüsebrühe aufgießen und sprudelnd kochen, bis die Flüssigkeit auf die Hälfte reduziert ist.
3. Die restliche Brunnenkresse hinzufügen und das Ganze im Mixer pürieren.
4. Zum Abschmecken Sahne, Salz, Pfeffer und geeiste Butter unterrühren.

Diese intensiv grüne Soße sieht wunderbar aus und schmeckt auch so.

Hederich

Heiderich, Hädderich, Krook, Krödde

Raphanus raphanistrum
Kreuzblütler

Merkmale Einjährig, Stängel borstig behaart, etwa 20–60 cm hoch. Blätter im unteren Stängelbereich in verschieden große Lappen unterteilt, oben ungeteilt, wie Stängel borstig behaart. Weiße oder blassgelbe Blüten mit aufrechten Kelchblättern, Blütenblätter mit dunkleren, meist violetten Adern durchzogen. Lange, perlschnurartige Fruchtschoten mit 2 bis 10 Samenfächern.
Blütezeit Juni bis September.
Fundorte Weit verbreitet auf Äckern und an Feldrainen.

Verwechslung Möglich mit Acker-Senf (*Sinapis arvensis*) der aber goldgelbe Blüten, abstehende Kelchblätter und im gesamten Stängelbereich einheitliche Blätter hat. Auch diese Art ist als Wildgemüse nutzbar.
Ernte Im Frühjahr werden Blätter und Sprosse ganz junger Pflanzen gesammelt, am besten vor der Blüte. Jetzt erinnern sie im Geschmack an Rettich oder Radieschen. Später schmecken sie beißend scharf. Von August bis September werden die Wurzeln ausgegraben, von September bis Oktober die Samen gesammelt.
Verwertung Die Blätter werden als Salat, Suppe oder Spinat gegessen, die Wurzeln gerieben wie Meerrettich verwendet, die Samen zu Senf verarbeitet.

Achtung Erst nach Geschmacksprobe als scharf-würzige Beigabe verwenden.

Gewöhnliche Knoblauchsrauke

Knoblauchskraut, Salsekraut, Lauchhederich

Alliaria petiolata
Kreuzblütler

Merkmale Einjährig bis ausdauernd wachsend. 30–60 cm hohe Pflanze mit kantigem Stängel. Riecht beim Zerreiben zwischen den Fingern nach Knoblauch. Blätter lang gestielt, 3-eckig herzförmig, am Rand grob gezähnt. Kleine weiße Blüten in Büscheln an der Stängelspitze. Bis zu 7 cm lange, 4-kantige Schoten mit schwarzen Samen.
Blütezeit April bis Juni.
Fundorte Häufige Pflanze schattiger Waldränder und Heckensäume. Auch an Mauern und Zäunen. Liebt nährstoffreiche, feuchte, lockere Böden.
Verwechslung Nicht möglich.
Ernte Die Blätter von April bis Juni, die Samen von Juli bis August.
Verwertung Am besten schmecken die jungen Blätter vor der Blüte. Sie sollten bald nach dem Ernten verarbeitet werden, denn sie verlieren ihr zartes, knoblauchartiges Aroma beim Trocknen schnell. Frisch würzen sie Fleischsoßen, Suppen, Gemüsegerichte, Salate, Quark- und Eierspeisen. Und mit weicher Butter verrührt, machen sie jedes Brot zum Genuss. Die Samen werden wie Senfkörner verwendet.

Achtung Nur ganz junge Blättchen und am besten nur roh verwenden. Ältere Blätter haben einen bitteren Nachgeschmack, der sich beim Kochen noch verstärkt.

Gewöhnlicher Giersch

Gichtkraut, Schattenblatt Zipperleinskraut, Baumtropfen

Aegopodium podagraria
Doldenblütler

Merkmale Ausdauernde, oft 1 m hohe Pflanze. Stängel kräftig, hohl, kantig gefurcht. 3-teilige, länglich eiförmige Fiederblätter mit gezähntem Blattrand und 3-eckigem Blattstiel, riechen nach Petersilie. Große Blütendolden aus 12 bis 20 gleich langen Strahlen und vielen kleinen, weißen Blüten.
Blütezeit Mai bis September.
Fundorte Hecken, feuchte Gebüsche, Wald- und Wegränder, Flussufer, Gärten.
Verwechslung Mit anderen Doldenblütlern, die am selben Standort wachsen. Besonders mit der ebenfalls nutzbaren Gewöhnlichen Wald-Engelwurz (*Angelica sylvestris*), aber auch mit giftigen Arten. Man erkennt Giersch in jedem Fall an seinem 3-eckigen Blattstiel und den breiten Fiederblättchen.
Ernte Stängel und Blätter werden von März bis September geschnitten.
Verwertung Eine der besten Wildgemüsearten, die neben Provitamin A auch Vitamin C, Mineralsalze und ätherische Öle enthält. Die jungen, glänzend hellgrünen Frühlingsblätter geben Salaten einen zartsüßlichen Geschmack. Ältere, mattdunkelgrüne Blätter sollte man besser kochen und ohne Blattstiele verwenden.

Achtung Wegen der möglichen Verwechslung mit giftigen Doldenblütlern nur nach sorgfältiger Bestimmung verwenden.

Vogelmiere

Feld-Sternmiere, Vögerlkraut, Hühnerbiss, Mäusedarm

Stellaria media
Nelkengewächse

Merkmale Wächst in dichten Rasen. Stängel 5–40 cm hoch, auf ganzer Länge mit einem klar abgegrenzten Streifen weißer Härchen. Blätter gegenständig, breit eiförmig und spitz zulaufend. Sternförmige, weiße Blüten mit 5 tief gespaltenen Blütenblättern.
Blütezeit Januar bis Dezember.
Fundorte Äcker, Gärten, Wegränder, Mauern und Zäune.
Verwechslung Mit anderen Mieren, denen der weiße Haarstreifen am Stängel fehlt. Mit Hornkrautarten (*Cerastium* ssp.), die zwar eingeschnittene, aber keine tief gespaltenen Blütenblätter besitzen. Diese sind nicht giftig, oft aber hart und geschmacklich uninteressant. Außerdem mit dem ungenießbaren Acker-Gauchheil (*Anagallis arvensis*), dessen Blüten jedoch ziegelrot oder leuchtend blau sind. Um hier eine Verwechslung auszuschließen, sammelt man am besten nur blühende Pflanzen.
Ernte Eine der wenigen Pflanzen, die ganzjährig blühen und gesammelt werden können.
Verwertung Essbar sind Stängel, Blätter und Blüten. Die jungen Blättchen schmecken saftig-nussig und mild nach Mais. Deshalb verwendet man Vogelmiere gern als Ausgleich zu bitteren, scharfen Wildkräutern in Salaten, Gemüsegerichten und Eintöpfen.

Achtung Da Vogelmiere Saponine enthält, sollte man sie nur in Maßen essen.

Bär-Lauch

Wilder Knoblauch, Waldknoblauch, Hexenknofel, Zigeunerlauch

Allium ursinum
Zwiebelgewächse

Merkmale 15–50 cm hohe, ausdauernde Zwiebelpflanze mit 3-kantigem Stängel und intensivem Knoblauchgeruch. 2 gestielte, große, breit-ovale Blätter mit deutlichen parallelen Adern. Weiße, sternförmige Blüten in einem halbkugeligen Blütenstand am Ende des Stängels. Längliche Zwiebeln, vergleichbar mit Frühlingszwiebeln.

Blütezeit Je nach Höhe von April bis Juni.

Fundorte Feuchte, schattige Laubwälder, Auwälder, auch in Parkanlagen.

Verwechslung Die Blätter des Bärlauchs ähneln denen des giftigen Maiglöckchens (*Convallaria majalis*), das am selben Standort wächst. Eindeutiges Identifikationsmerkmal des Bärlauchs ist der intensive Knoblauchgeruch, den man spätestens dann bemerkt, wenn die Blätter zwischen den Fingern zerrieben werden. Wichtig: Die Unterseite der Maiglöckchenblätter ist glänzend, die der Bärlauchblätter dagegen matt.

Ernte Essbar sind Blätter, Blüten sowie die Zwiebeln. Die beste Erntezeit für die Blätter ist der März. Blütenstände und Einzelblüten findet man etwa ab April. Die Zwiebeln können im Sommer und Herbst ausgegraben werden.

Verwertung Blätter und Blüten würzen Salate, Gemüsegerichte, Suppen, Soßen, Quarkspeisen, Kräuterbutter und Öl. Die kleinen länglichen Zwiebeln ergeben mit Olivenöl ein wunderbar aromatisches Würzöl.

Achtung Bärlauch nur schneiden, nicht hacken. Sonst wird er bitter.

Küchen-Tipp Bärlauch enthält die gesamte Kraft des Frühlings. Schon im Mittelalter war er eine bekannte Heil-, Gewürz- und Gemüsepflanze, die in ihrer Wirkung dem Knoblauch sehr ähnlich ist. Hauptbestandteil ist ein Lauchöl, das die Magensäfte anregt, Entzündungen stoppt und den Cholesterinspiegel senkt. Weiterhin gibt es Hinweise darauf, dass es den Blutdruck senkt und eine Schutzfunktion auf das Herz ausübt. Die gesamte Pflanze bietet für Liebhaber von Wildkrautgerichten eine große Bandbreite an Verarbeitungsmöglichkeiten. Bärlauch wird am besten frisch gegessen. Gekocht verliert die Pflanze viel von ihrem Aroma. Doch das schließt ihre Verarbeitung zu Suppen, Soßen, Gemüsegerichten und Gratins nicht aus. Einfach köstlich schmeckt ein Abendessen Schweizer Hirten, das Bärlauch-Käse-Kartoffel-Püree.

Bärlauchöl – aromatisch und wertvoll

Bärlauchgratin

1 kg Kartoffeln, Salz, Pfeffer, 300 g Bärlauch, Butter für die Backform, Butter, 0,5 l süße Sahne

1. Kartoffeln schälen, in dünne Scheiben schneiden, salzen und pfeffern.
2. Bärlauch waschen, abtropfen lassen, in schmale Streifen schneiden.
3. Kartoffelscheiben und Bärlauch in eine gefettete Auflaufform schichten, mit wenigen Butterflöckchen besetzen.
4. Sahne erhitzen und über die Kartoffel-Bärlauch-Masse gießen.
5. Im Backofen bei 180 °C etwa 30–40 min garen.

Dieses Gratin schmeckt zu jedem kurz gebratenen Fleisch, auch zu Lammkoteletts.

Bärlauchöl

10 bis 20 Bärlauchblätter, 1 l Olivenöl

1. Bärlauchblätter waschen, gründlich trocken tupfen und in Streifen schneiden.
2. Ein großes Einmachglas mit den Blättern füllen.
3. Das Öl darüber gießen. Darauf achten, dass die Blätter komplett mit Öl bedeckt sind. Sonst schimmelt das Ganze.
4. Etwa 4 Wochen kühl und dunkel stellen, danach abfiltern und in dunkle Flaschen füllen.

Gänseblümchen

Maßliebchen, Augenblümchen, Gansnagerl, Regenblume

Bellis perennis
Korbblütler

Merkmale Eine der bekanntesten Wildpflanzen. Wächst ausdauernd. Blütenstängel 3–15 cm hoch, behaart, ohne Blätter. Blätter behaart, spatelig geformt, bilden eine Rosette knapp über dem Boden. Blütenköpfchen aus weißen Zungen- und gelben Röhrenblüten.
Blütezeit Februar bis Dezember.
Fundorte Bis in Höhen von 2000 m in Wiesen, auf Weiden, an Wegrändern, auf Park- und Gartenrasen.
Verwechslung Es gibt keine Verwechslungsmöglichkeiten.
Ernte Blätter und Blüten sind fast das ganze Jahr zu finden.
Verwertung Gänseblümchen sind im Geschmack nicht so ausgeprägt wie Löwenzahn oder Brennnesseln, sondern eher eine leicht nussige Zutat zu anderen Kräutern. Sie können roh Bestandteil vieler Salate und Quarkspeisen sein oder als hübsche Dekoration in Suppen und Gemüsegerichte gestreut werden. Das Gänseblümchen gilt als alte Heilpflanze. Blätter und Blüten enthalten Schleim- und Bitterstoffe sowie ätherisches Öl. Sie sind Bestandteil vieler Teemischungen. In der Volksmedizin kuriert man damit Hautkrankheiten, Leberleiden und Husten.

Achtung Gänseblümchen sollte man bei schönstem Sonnenschein pflücken. Abends und bei Regen schließen sich die Blüten und neigen sich zur Erde.

Weiße Taubnessel

Falsche Brennnessel, Blindnessel, Bienensaug, Zuckerblume

Lamium album
Lippenblütler

Merkmale Brennnesselartige Staude ohne Brennhaare. Stängel 15–50 cm hoch, 4-kantig. Blätter kreuzweise gegenständig, meist 3-eckig, am Rand gesägt. Cremeweiße Blüten, sitzen in den Blattachseln.
Blütezeit April bis November.
Fundorte Bildet an Wegrändern und Bahndämmen, auf Brachland und in der Nähe von Mauern und Zäunen dichte Bestände.
Verwechslung Vor der Blüte mit anderen Taubnesseln. Da aber alle Taubnesseln essbar sind, ist das kein Problem.

Ernte Essbar sind die Sprossspitzen vor der Blüte sowie die Blätter und die Blüten. Sie werden von April bis weit in den Herbst gesammelt.
Verwertung Obwohl die Blätter frisch gepflückt unangenehm muffig riechen, wenn man sie zwischen den Fingern zerreibt, schmecken sie gekocht in Suppen und Wildgemüsen recht angenehm. Aus den süßen Blüten kann man einen schmackhaften Sirup herstellen, außerdem sind sie eine appetitliche Dekoration für Salate, Suppen und Desserts. Die Weiße Taubnessel enthält besonders in den Blüten ätherisches Öl und wird in der Volksmedizin als Schlaf- und Beruhigungsmittel genutzt.

Achtung Taubnesseln sollten bei trockenem Wetter geerntet werden. Bei Regen verlieren die Blüten ihr süßes Aroma.

Gewöhnliches Barbarakraut

Winterkresse, Barbenkraut, Senfkraut, Wassersenf

Barbarea vulgaris
Kreuzblütler

Merkmale Einjährige oder ausdauernde Pflanze. Stängel aufrecht, 30–90 cm hoch. Blätter dick, sattgrün. Dichte Traube aus kleinen, gestielten, gelben Blüten.
Blütezeit April bis Juni.
Fundorte Besiedelt Ufer von Gräben, Bächen und Flüssen, aber auch Ackerränder und Waldlichtungen.
Verwechslung Mit anderen gelb blühenden Kreuzblütlern, vor allem mit der Weg-Rauke (*Sisymbrium officinale*), die am gleichen Standort wächst und auch essbar ist. Der Unterschied: Die Blätter der Wegrauke sind beiderseits behaart, die des Barbarakrauts kahl.
Ernte Da die Pflanze den ganzen Winter grün bleibt, bietet sie sich auch in der wildpflanzenarmen Zeit zum Sammeln an. Am besten sind jedoch die frischen, jungen Frühlingsblätter der Grundrosette.
Verwertung Die Frühlingsblätter ergeben allein oder zusammen mit anderen Wildkräutern einen kresseartig, herbscharf schmeckenden Salat. Außerdem nimmt man sie als Beigabe zu Mischgemüsen, als Würze in Kräuterbutter, in Fleischsoßen und über Bratkartoffeln.

Achtung Barbarakraut sollte frisch gegessen werden. Getrocknet verliert die Pflanze viel von ihrem Geschmack und ihrer blutreinigenden Wirkung.

Echte Schlüsselblume

Himmelsschlüssel, Fingerhuetli, Laternle, Goldbleaml

Primula veris ssp. *veris*
Primelgewächse

Merkmale Staude, 10–20 cm hoch. Runzelige Blätter, an der Unterseite weich behaart, liegen in einer Rosette dem Boden an. Glockenförmige, dottergelbe, duftende Blüten.
Blütezeit März bis Mai.
Fundorte Trockene, sonnige Wiesen, Gebüsche, Waldränder.
Verwechslung In Europa gibt es eine Reihe weiterer Arten der Gattung *Primula*. Die bekanntesten sind bei uns die Hohe Schlüsselblume (*Primula elatior*) und die Stängellose Schlüsselblume (*Primula vulgaris*). Vor der Blüte ist es nicht leicht, diese drei Arten zu unterscheiden. Da aber alle genießbar sind, bringt eine Verwechslung keine Schwierigkeiten mit sich.
Ernte Die gesamte Pflanze ohne Wurzel vom Frühling bis in den Frühsommer.
Verwertung Die jungen Blätter enthalten Mineralsalze, besonders Magnesium und Kalium, außerdem Vitamin C und ätherische Öle. Mit ihrem etwas scharfen Geschmack nach Anis passen sie als Beigabe in Salate, Suppen und Spinat. Die Blüten aromatisieren Süßspeisen und sind, zu Bonbons oder Wein verarbeitet, einfach ein Genuss.

Achtung Schlüsselblumen sind in vielen Ländern Europas geschützt und dürfen nicht gepflückt werden. Daher bitte nur Pflanzen aus dem eigenen Garten verwenden.

Gänse-Fingerkraut

Gänserich, Silberkraut, Kräutlein Allerbest

Potentilla anserina
Rosengewächse

Merkmale Mehrjährige Pflanze mit dünnem, kriechendem Stängel, wird nur 5–15 cm hoch. Blätter in einer Rosette am Boden, an der Unterseite weißfilzig behaart, unterbrochen gefiedert, d.h., größere Teilblättchen wechseln mit sehr kleinen ab. Goldgelbe Blüten an langen, blattlosen Stielen.
Blütezeit Mai bis August.
Fundorte Bevorzugt feuchte, nährstoffreiche Standorte. Wächst verbreitet an Wegrändern und Bahndämmen sowie an Ufern und auf Schuttplätzen.
Verwechslung Betrachtet man nur die Blüten, ist eine Verwechslung mit anderen Fingerkräutern möglich. Doch ein Blick auf die Blätter identifiziert jede Art eindeutig.
Ernte Die Blätter werden von April bis Oktober gesammelt, die Wurzeln im Frühjahr oder Herbst ausgegraben.
Verwertung Die Blätter ergeben mit Gemüsebrühe eine würzige Suppe oder, in Olivenöl gedünstet, ein herrliches, angenehm bitteres Gemüse. Außerdem sind sie eine Bereicherung für Salate und Frischkäsemischungen. Die Wurzeln werden roh oder gekocht genutzt.

Achtung Gänsefingerkraut enthält Vitamin C, Gerb- und Bitterstoffe, außerdem einen noch nicht erforschten krampflösenden Wirkstoff. Die Volksmedizin nutzt den Teeaufguss der getrockneten Blätter bei Krämpfen und Magenbeschwerden.

Scharbockskraut

Feigwurz, Sternenkraut, Zigeunersalat, Pfennigkraut

Ranunculus ficaria
Hahnenfußgewächse

Merkmale Eine der ersten Frühlingspflanzen. Wächst ausdauernd. Stängel 5–30 cm hoch. Blätter gestielt, herzförmig, fleischig, oben fettig glänzend. In den Blattachseln oft weizenkorngroße, weiße Brutknospen. Je 1 gelbe, glänzende Blüte am Ende der Stängel mit 8 bis 12 Blütenblättern.
Blütezeit März bis Mai.
Fundorte Bildet in feuchten, schattigen Laubwäldern ausgedehnte Blütenteppiche, wächst aber auch in Gärten, Wiesen und Hecken.
Verwechslung Zur Sammelzeit ist keine Verwechslung möglich.
Ernte Die frischen jungen Blätter und die weizenkornähnlichen Brutknospen vor der Blüte.
Verwertung Die jungen Blättchen können als angenehm saure Beigabe zu Kartoffelsalat, Möhrensalat oder Feldsalat verwendet werden. Suppen verleihen sie eine frische Note. Und sie schmecken auch fein gehackt auf einem Butterbrot. Die Brutknospen ergeben in Salzwasser weich gekocht und anschließend in Essig eingelegt eine leckere Fleischbeilage.

Achtung Während und nach der Blüte muss die Pflanze vom Speisezettel gestrichen werden, da sie vor allem in den Blüten und Stängeln das giftige Protoanemonin enthält.

Huflattich

Märzenblümchen, Pfannenkraut, Wollblümli, Sohn vor dem Vater

Tussilago farfara
Korbblütler

Merkmale Staude, 5–15 cm hoch. Stängel zur Blütezeit nur mit rotbraunen Schuppen besetzt. Blätter lang gestielt, hufeisenförmig und unten mit einem weißen Haarfilz überzogen, fühlen sich wie weiches Leder an, erscheinen erst nach der Blüte. Goldgelbe Blütenköpfchen.

Blütezeit Februar bis April.

Fundorte Liebt feuchte, lehmige Böden. Gedeiht in Mengen an Bach- und Flussufern, Weg- und Straßenrändern, in Kiesgruben, auf Ödland.

Verwechslung Mit der Gewöhnlichen Pestwurz (*Petasites hybridus*), deren Blätter aber deutlich größer sind, und mit Kletten (*Arctium* ssp.), deren Blätter herzförmig zugespitzt sind. Keine dieser Arten ist giftig.

Ernte Die Blüten von Februar bis April, die Blätter von April bis November.

Verwertung Blätter und Blüten des Huflattichs werden mit den Stängeln gepflückt und verwendet. Die Blätter in Gemüsegerichten, Kräutersuppen und Salaten, die Blüten in Desserts und als Hustentee. Huflattich enthält Vitamin C, Mineralsalze, Gerbstoffe, Schleimstoffe und ätherisches Öl. Er ist eine alt bekannte Heilpflanze, genutzt vor allem bei Bronchialerkrankungen. Zusammen mit Eibisch, Klatschmohn und Katzenpfötchen ist er Bestandteil des klassischen Vier-Blüten-Tees, der für seine reizlindernde Wirkung bekannt ist.

Achtung Huflattich enthält Spuren von Pyrrolizidinalkaloiden, die als krebserregend und leberschädigend gelten. Er sollte daher nur gelegentlich gegessen werden.

Küchen-Tipp Huflattichblätter haben einen ausgeprägten süßharzigen Eigengeschmack. Ganz jung kann man sie roh essen. In feine Streifen geschnitten, machen sie jeden Frühlingssalat zum Erlebnis. Leider werden sie mit zunehmendem Alter sehr schnell hart und dann sollte man sie nur noch gekocht verwenden. So entwickeln sie, besonders in Kombination mit Tomaten, ein unverwechselbares artischockenähnliches Aroma. Sie lassen sich auch, ähnlich wie Kohlblätter, mit Fleisch- oder Gemüsefüllungen zu Rouladen verarbeiten. Huflattichblüten schmecken süß aromatisch. Am besten kommen sie zur Geltung, wenn man sie einfach in etwas Butter in der Pfanne brät.

Kleine Huflattich-Tomaten-Vorspeise

1 Zwiebel, 4 kleine Kartoffeln, 4 Tomaten, 4 Huflattichblätter, Öl, Wasser, Sauerrahm, Salz, Majoran

1. Zwiebel fein hacken. Kartoffeln schälen und würfeln. Tomaten enthäuten, würfeln. Huflattichblätter in Streifen schneiden.
2. Zwiebeln in Öl andünsten, Kartoffeln, Tomaten und Huflattich dazugeben, mit wenig Wasser ablöschen und so lange dünsten, bis die Kartoffeln weich sind.
3. Mit Sauerrahm, Salz und Majoran abschmecken.

Frühlingserwachen

2 Hand voll Huflattichblüten, Olivenöl, Butter

1. Huflattichblüten waschen und gut trocken tupfen.
2. Olivenöl und Butter in einer Pfanne erhitzen, die Blüten dazugeben, goldbraun braten und warm auf den Tisch bringen.

1 *Huflattich und Tomaten ergänzen sich ideal.*
2 *Huflattichblätter*

Löwenzahn

Kuhblume, Butterblume, Röhrlblume, Pusteblume

Taraxacum officinale agg.
Korbblütler

Merkmale 5–25 cm hohe Staude mit bitter schmeckendem, weißem Milchsaft. Stängel hohl, unverzweigt, blattlos. Stark gelappte Blätter in einer bodennahen Rosette. Dottergelbe Blütenkörbchen.
Blütezeit April bis Oktober, Hauptblüte April und Mai.
Fundorte Wiesen, Gärten, Weg- und Straßenränder.
Verwechslung Während der Blütezeit ist eine Verwechslung nahezu ausgeschlossen. Vor der Blüte wird eine Unterscheidung schon schwieriger, denn es gibt zahlreiche Pflanzen mit weißem Milchsaft, deren Blätter gelappt sind und eine Grundrosette bilden. Eindeutiges Kennzeichen dieser Art sind dann die stets unbehaarten Blätter.
Ernte Die Blätter können ganzjährig gesammelt werden. Vor der Blüte im Frühling schmecken sie am besten, da sie im Laufe des Jahrs immer bitterer werden. Die Wurzeln werden ab September bis in den Winter hinein ausgegraben. Je später man sie erntet, um so weniger Bitterstoffe enthalten sie. Im Winter schmecken sie sogar eher süßlich.
Verwertung Wurzeln, Blätter, Knospen und Blüten sind roh oder gekocht essbar. Löwenzahn enthält mehr Provitamin A als Möhren, daneben die Vitamine B und C sowie Bitterstoffe und Kalium. Damit regt er den gesamten Verdauungsapparat an. Löwenzahn stärkt Leber, Galle und Nieren und ist die ideale Frühjahrskur.

Achtung Der milchig weiße Stängelsaft hinterlässt auf Haut und Kleidung braune Flecken.

Küchen-Tipp Ob als Salat, als Blatt- oder Wurzelgemüse gegessen, zu Tee, Gelee oder Blütenhonig verarbeitet, Löwenzahn ist der Star der Wildkräuterküche. Neben Giersch und Brennnesseln gibt es kaum ein vielseitigeres Wildkraut. Gerichte aus Blättern und Wurzeln schmecken jedoch oft ein wenig bitter. Wer den herben Geschmack abschwächen möchte, legt das Gemüse einfach kurz in lauwarmes Wasser. Auch Sahne oder Crème fraîche mildern den Bitterton. Die Löwenzahnblüten sind das süße Pendant zu den herben Blättern. Ein selbst gemachter Sirup oder ein Gelee aus Löwenzahnblüten schmeckt im Tee und auf Butterbrot. Die Blütenknospen sind, in Butter geröstet, eine delikate Suppeneinlage oder, in Essig eingelegt, ein Kapernersatz.

Löwenzahnsalat, eine Frühjahrskur

Löwenzahn-Tomaten-Salat

300 g Löwenzahnblättchen, 8 bis 10 Minitomaten, 1 Schalotte, Weißbrot, etwas Butter, Sonnenblumenkerne
Für die Marinade: Aceto Balsamico, Olivenöl, Salz, Zucker, Senf, etwas Wasser

1. Löwenzahnblätter in breite Streifen schneiden.
2. Tomaten halbieren und Schalotte fein würfeln.
3. Weißbrot in kleine Würfel schneiden, in Butter rösten.
4. Sonnenblumenkerne ohne Fett anrösten.
5. Löwenzahn, Tomaten und Schalotte in einer Schüssel mischen, mit der Marinade übergießen, mit den Sonnenblumenkernen und den Weißbrotcroutons bestreuen.

Löwenzahnblüten-Gelee

500 g Löwenzahnblüten, 4 unbehandelte Limetten, 1 unbehandelte Orange, 1,5 l Wasser, 1 kg Gelierzucker

1. Löwenzahnblüten gut waschen und trocken tupfen, zusammen mit den in Stücke geschnittenen Limetten, der Orange und dem Wasser etwa 1 h köcheln lassen.
2. Die Masse durch ein Sieb streichen, den Gelierzucker mit dem Saft mischen und zusammen noch einmal 5 min kochen. Anschließend heiß in Schraubgläser füllen.

Dieses Gelee bringt den Blütenduft des Löwenzahns auch an kalten Wintermorgen auf den Tisch.

Wiesen-Schaumkraut

Buttermilchblume, Himmelsleiterle, Kuckuckskraut, Marienblume

Cardamine pratensis
Kreuzblütler

Merkmale Wiesenstaude, 15–40 cm hoch, mit rundem, hohlem Stängel und unpaarig gefiederten Blättern. Die einzelnen Teilblättchen sind unten am Stängel fast rund, oben schmal. Blüten zartrosa, manchmal auch weiß oder violett, bestehen aus 4 kreuzförmig angeordneten Blütenblättern, gelbe Staubgefäße.
Blütezeit April bis Juni.
Fundorte Sehr häufig. Wächst fast europaweit von der Ebene bis in 2000 m Höhe auf feuchten, nährstoffreichen Wiesen, an Bachufern, in Auwäldern.
Verwechslung Mit dem Bitteren Schaumkraut (*Cardamine amara*), das auch an feuchten Standorten wächst. Sein Stängel ist jedoch kantig und markig, die Blüten sind weiß und besitzen violette Staubgefäße. Das Bittere Schaumkraut ist ebenfalls essbar, schmeckt aber deutlich bitterer als das Wiesenschaumkraut.
Ernte Während der Blütezeit sammelt man Blüten und Blätter. Vor der Blüte die ganz jungen Blättchen, die jedoch im dichten Gras schwer zu finden sind.
Verwertung Angenehm pfeffriges Kraut, das Salate, Suppen, Fischsoßen, Eierspeisen, Kartoffelgerichte und Quarkspeisen würzt. Die Volksheilkunde nutzt das Wiesenschaumkraut als Blutreinigungsmittel und bei rheumatischen Beschwerden. Es enthält Vitamin C, Senföle und Bitterstoffe.

Achtung In großen Mengen roh gegessen, kann die Pflanze Nierenreizungen verursachen.

Küchen-Tipp Das Wiesenschaumkraut ist nah mit der Brunnenkresse verwandt. Seine Blätter schmecken ähnlich scharf. Man verwendet sie am besten fein gehackt als Würzmittel. Etwas milder sind die Blüten. Blätter und Blüten passen hervorragend zu allen Wildkräutersalaten, in viele Gemüsegerichte und als Wiesenschaumkraut-Sahnesoße zu Fisch- und Eiergerichten. Auch eine würzige Kräuterbutter und einen gesunden Frühlingsquark kann man damit zubereiten. Ein ganz ungewöhnliches Geschmackserlebnis bieten Kartoffelsuppen oder Kartoffelklöße mit Wiesenschaumkraut. Stängel und Blätter tragen oft schaumige Bällchen. Diese werden von den Larven einer Schaumzikade gebildet, um sich vor Räubern zu schützen, während sie Pflanzensäfte saugen. Vor der Verwendung werden diese Schaumnester gründlich mit Wasser abgespült.

Diese Schaumnester einer Zikade werden gründlich mit Wasser abgespült.

Wiesenschaumkraut-Quark

250 g Quark, etwas Milch, 1 Schalotte, 4 EL klein gehacktes Wiesenschaumkraut, Salz, Pfeffer

1. Quark mit etwas Milch glatt rühren.
2. Fein gewürfelte Schalotte und gehacktes Wiesenschaumkraut einarbeiten. Mit Salz und eventuell Pfeffer abschmecken.

Dieser Quark passt hervorragend zu Schwarzbrot oder Pellkartoffeln.

Wiesenschaumkraut-Kartoffelklöße

1 kg gekochte Kartoffeln, 160 g Mehl, 2 Eier, Salz, 1 großer Bund Wiesenschaumkraut, geröstete Brötchenwürfel, Salzwasser

1. Kartoffeln, Mehl, Eier und Salz zu einem festen Teig verarbeiten.
2. Wiesenschaumkraut fein hacken und in den Teig kneten.
3. Aus dem fertigen Teig Klöße formen, dabei in die Mitte wenige geröstete Brötchenwürfel geben.
4. In kochendem Salzwasser etwa 15 min gar ziehen lassen.

Zusammen mit einem frühlingsfrischen Salat sind diese Klöße eine wirklich vollwertige Mahlzeit.

März-Veilchen

Duftveilchen, Märzennägeli, Osterveigerl, Marienstängel

Viola odorata
Veilchengewächse

Merkmale Mehrjährige Pflanze mit langen oberirdischen Ausläufern. Wird nur 3–10 cm hoch. Blätter rundlich herzförmig, am Rand gekerbt. Dunkelblauviolette, intensiv duftende Blüten.
Blütezeit März bis April.
Fundorte Alte Heil- und Zierpflanze aus dem Mittelmeergebiet. Sie ist heute mit kleinen Verbreitungslücken in fast ganz Europa verwildert. Bei uns wächst sie in Laubwäldern, unter Hecken, Gebüschen und auffallend oft in Dorfnähe.
Verwechslung Es gibt eine große Anzahl ähnlicher, wild wachsender Veilchenarten. Aber nur das Märzveilchen hat den typischen Veilchenduft.
Ernte Die Blätter fast ganzjährig. Man pflückt sie ohne den harten Blattstiel. Die Blüten in den Monaten März/April. Sie sollten unmittelbar nach dem Pflücken in eine Plastiktüte gelegt werden, denn nur so bewahren sie ihr duftiges Aroma, bis sie verarbeitet werden.
Verwertung Blätter und Blüten sind essbar. Aus Veilchenblättern bereitet man zusammen mit Kartoffeln und anderen Wildkräutern wie Gänseblümchen oder Gundermann eine delikate Suppe. Veilchenblüten erlebt man am intensivsten, wenn man sie roh isst. In kleinen Mengen – ihr Duft ist sehr prägnant – aromatisieren sie Getränke, Süßspeisen und Essig. Besonders mild und zart schmecken sie in Salaten.

Achtung Veilchenblüten oder -blätter sollte man vorsichtig mit der Hand abzupfen und darauf achten, nicht die ganze Pflanze auszureißen.

Küchen-Tipp Veilchenblätter sind mild und zart. Man genießt sie roh oder gekocht. Wegen ihres hohen Anteils an Schleimstoffen eignen sie sich gut zum Eindicken von Suppen und Soßen. Schon die Ureinwohner Amerikas haben sich aus Veilchenblättern und anderen Wildgemüsen eine sämige Suppe gekocht. Veilchenblüten gehören zum Feinsten, was die Natur zu bieten hat. Wegen ihres intensiven Dufts werden sie schon lange in der Küche eingesetzt. Bereits im England des 14. Jahrhunderts hat man aus Veilchenblüten, Reisbrei und Mandeln eine Art Pudding zubereitet. Heute nehmen wir sie vor allem kandiert als Verzierung für Kuchen und Torten. Auch die Volksheilkunde nutzt sie: Als Tee helfen sie gut bei Husten und Halsentzündungen.

Veilchenbowle

Gut 2 Hand voll Veilchenblüten, 3 EL feiner Zucker, 1 l milder Weißwein

1. Veilchenblüten in einer kleinen Schale mit Zucker mischen und 10 min durchziehen lassen.
2. Zum Weißwein geben und etwa 1 h durchziehen lassen.

Mit Sekt verfeinert ist das ein belebender Genuss an ersten warmen Frühlingsabenden.

Veilchenessig

1 Hand voll Veilchenblüten, 0,5 l guter Weißweinessig

1. Die Blüten mit dem Essig übergießen und an einem kühlen, schattigen Ort 2 bis 3 Wochen ziehen lassen.
2. Abseihen und in Flaschen füllen.

Veilchenessig sollte im Laufe eines halben Jahrs verarbeitet sein. Er verliert sein zartes Aroma recht schnell.

1 *Ungewöhnlich und gut – Veilchenbowle*
2 *Gezuckerte Veilchenblüten*

Große Brennnessel

Sengnessel, Feuerkraut, Hanfnessel, Donnernessel

Urtica dioica ssp. *dioica*
Brennnesselgewächse

Merkmale Dicht mit Brennhaaren besetzte Staude, 30–150 cm hoch. Stängel 4-kantig. Blätter gegenständig, grob gesägt. Männliche und weibliche Blütenstände auf verschiedenen Pflanzen, männliche Blütenstände aufrecht, die weiblichen hängend.
Blütezeit Juni bis September.
Fundorte Wächst überall auf stickstoffreichen Böden: in Wäldern und Gebüschen, an Wegen und Zäunen, auf Geröll- und Schutthalden. Weltweit verbreitet.
Verwechslung Keine Verwechslung möglich.
Ernte Blätter und Sprosse ab März. Später im Jahr, wenn die Brennnesseln hoch gewachsen sind, pflückt man nur die 4 bis 6 oberen Blätter und die Triebspitze, die das intensivste Aroma aufweisen. Dabei die Handschuhe nicht vergessen.
Verwertung Die Brennnessel hat in der Wildkräuterküche ihren festen Platz. Sie würzt Salate, Suppen, Reisgerichte und Spinat. Da sie Provitamin A, Vitamin C, Eisen, Mineralsalze, Gerbstoffe und in den Brennhaaren Acetylcholin und Histamin enthält, wird sie schon seit dem Mittelalter als Heilkraut geschätzt. Brennnesseltee wirkt kräftigend.

Achtung Man sollte wirklich nur die Triebspitzen und die 4 bis 6 oberen Blätter pflücken. Ältere Blätter können beim Kochen einen unangenehmen Fischgeruch entwickeln.

Küchen-Tipp Die Brennnessel wird seit Urzeiten gegessen. Auch heute hat sie einen festen Platz in vielen Küchen. Am bekanntesten ist ihre Verarbeitung zu Spinat, zur traditionellen Brennnesselsuppe oder in grünen Soßen. Was viele nicht wissen: Man kann sie auch roh als Beigabe in Wildkräutersalaten essen. Die Brennhaare werden einfach „entwaffnet", indem man die Blätter kurz unter fließendes Wasser hält. Auch Trocknen zerstört die Brennhaare. Brennnesselblätter, die im halb geöffneten Backofen bei niedriger Temperatur getrocknet wurden, kann man gefahrlos mit den Händen zerreiben. In aromadichten Gläsern aufbewahrt, würzen sie den ganzen Winter unsere Suppen, versorgen uns mit vielen Mineralstoffen und bringen ein wenig Frühling auf den Tisch.

1 *Gehackte Brennnesselblätter*
2 *Brennnessel-Risotto – wunderbar würzig*

Brennnessel-Risotto

1 Zwiebel, Olivenöl, 200 g Risottoreis, Weißwein, Gemüsebrühe, 200 g Brennnesseln, Parmesan, Salz, Pfeffer, Curry

1. Zwiebel fein würfeln und in heißem Olivenöl glasig dünsten. Reis dazugeben und kurz mitdünsten. Mit Weißwein ablöschen und auf kleiner Flamme quellen lassen. Bei Bedarf Gemüsebrühe unterrühren und einköcheln lassen.
2. Brennnesseln hacken und ebenfalls in Olivenöl andünsten.
3. Brennnesseln und geriebenen Parmesan in das fertige Risotto rühren. Mit Salz, Pfeffer und Curry abschmecken. Eventuell noch mit ein paar Parmesanflocken bestreuen.

Brennnessel-Süppchen

1 Zwiebel, 1 EL Butter, 250 g Brennnesseln, 1 l Gemüsebrühe, 1 EL Tomatenmark, Gewürze wie z. B. Liebstöckel, Oregano oder Thymian, süße Sahne, Salz, Pfeffer, geröstete Weißbrotwürfel

1. Zwiebel fein würfeln und in Butter glasig dünsten. Brennnesseln fein gewiegt dazugeben und unter ständigem Rühren kurz mitdünsten.
2. Mit Gemüsebrühe aufgießen, Tomatenmark und Gewürze einrühren und etwa 10 min leise köcheln lassen.
3. Mit süßer Sahne, Salz und Pfeffer abschmecken und mit den gerösteten Weißbrotwürfeln bestreut servieren.

Gewöhnlicher Hopfen

Waldhopfen, Weidenhopfen, Läufer, Mönchsriemen

Humulus lupulus
Hanfgewächse

Merkmale Kletterstaude. Die Stängel winden sich im Uhrzeigersinn um Bäume und Sträucher, sind 4-kantig, borstig behaart und können bis zu 5 m lang werden. Blätter gegenständig, handförmig geteilt, mit gesägtem Rand und borstig behaart, fühlen sich wie Schmirgelpapier an. Männliche und weibliche Blüten auf verschiedenen Pflanzen, die weiblichen Blüten bilden zur Fruchtzeit gelbgrüne, zapfenähnliche Hopfendolden.
Blütezeit Juli bis August.
Fundorte Auwälder, Erlenbrüche, feuchte Gebüsche, Flussufer. Von der Ebene bis in die Alpentäler verbreitet, aber nicht sehr häufig.
Verwechslung Keine Verwechslung möglich.
Ernte Die Triebspitzen in den Monaten April und Mai, die Zapfen im September und Okto-ber. Die jungen Triebe oder Triebspitzen werden in einer Länge von 10 cm abgeschnitten. Ältere und längere sind verholzt und schmecken bitter.
Verwertung Hopfen verleiht nicht nur dem Bier seine Würze, sondern ist in Form der Hopfensprossen auch Bestandteil von Salaten, Gemüsegerichten, Soßen oder Quiche. Hopfenzapfen aromatisieren Liköre und ergeben einen heilkräftigen Tee. Sie enthalten ätherische Öle, Gerb- und Bitterstoffe sowie Harzsubstanzen und wirken damit beruhigend, schlaffördernd und verdauungsanregend.

Achtung Als Hanfgewächs sollte Hopfen nur wohl dosiert eingesetzt werden. In zu hohen Konzentrationen kann er Kopfschmerzen und Schwindel auslösen.

Küchen-Tipp Die jungen Triebe des Hopfens erinnern im Geschmack an Spargel. Sie werden deshalb auch Hopfenspargel genannt. In Salzwasser gekocht oder mit Bierteig ausgebacken, schmecken sie ebenso köstlich und fein aromatisch wie kurz in Butter bissfest gedünstet. Wir mögen gedünstete Hopfensprossen am liebsten einfach und unverfälscht nur mit zerlassener Butter. Aber man kann sie in Anlehnung an die Spargelküche natürlich auch mit Sauce hollandaise servieren. Sehr wichtig für diese Art der Zubereitung ist es, wirklich nur die jungen Triebspitzen zu ernten. Ältere schmecken holzig und unangenehm bitter. Hopfenzapfen, noch grün geerntet und in Sherry angesetzt, ergeben einen überaus wohlschmeckenden Likör für stürmische Herbstabende.

Hopfenlikör braucht 3 Monate Reife.

Hopfenspargel

8 Hand voll etwa 10 cm lange Hopfensprossen, Salzwasser, Butter

1. Jeweils 10 Hopfensprossen bündeln.
2. In Salzwasser etwa 5–10 min bissfest kochen.
3. Mit zerlassener Butter übergießen und heiß servieren.

Zusammen mit gebuttertem Toastbrot und einem fruchtigen Frankenwein ist das eine erlesene Vorspeise.

Hopfenlikör

1 Hand voll Hopfenzapfen, 0,7 l Sherry, 0,25 l Marsala, 0,5 l Wasser, 250 g Zucker, etwas Weinbrand

1. Hopfenzapfen mit Sherry und Marsala übergießen und 3 Wochen ziehen lassen. Dann abseihen, die Hopfenzapfen wegwerfen, den Ansatz weiterverarbeiten.
2. Wasser mit Zucker etwa 10 min im offenen Topf kochen lassen, bis die Flüssigkeit auf die Hälfte reduziert ist.
3. Zum Ansatz geben, mit Weinbrand abschmecken, durchmischen, in eine Flasche füllen und ruhen lassen.

Lässt man diesen Likör nur ein par Tage ruhen, sind seine Bitterstoffe noch recht dominant. Bei längerer Lagerung wird er immer runder und milder.

Gewöhnliche Fichte

Rottanne, Haslfeicht'n, Der kleine Johannes

Picea abies var. *abies*
Kieferngewächse

Merkmale Nadelbaum mit pyramidenförmigem Wuchs, 30–50 m hoch. Rinde rotbraun, blättert in kleinen, runden Schuppen ab. Nadeln 4-kantig, steif und spitz, sitzen auf kleinen, braunen Nadelkissen. Blüten erst rot, später gelb. Braune, hängende Zapfen, fallen als Ganzes ab.

Blütezeit Mai bis Juni.

Fundorte Natürliche Standorte sind Wälder in Mittelgebirgs- und Gebirgslagen. Aber die Fichte wird wegen ihres Holzes oft auch in niedrigen Lagen aufgeforstet.

Verwechslung Die Fichte wird häufig mit der Weiß-Tanne (*Abies alba*) verwechselt, obwohl diese beiden Bäume recht verschieden sind. Die Nadeln der Weißtanne sind auf der Unterseite mit zwei weißen Längsstreifen versehen, die der Fichte nicht. Eine Verwechslung ist unproblematisch, da die Triebe der Weißtanne genauso verwendet werden können. Einziger Nachteil: Sie schmecken ziemlich sauer und häufig auch ein wenig bitter.

Ernte Die jungen Triebe können von April bis Juni gesammelt werden.

Verwertung Junge Fichtentriebe sind an ihrer hellgrünen Farbe leicht zu erkennen. Man verarbeitet sie zu einem Sirup bzw. Tee oder benutzt sie als Gewürz für Salate und Fischspeisen. Arzneilich verwendet man die Fichte bei Infektionen der Atemwege, rheumatischen Beschwerden, gegen Frühjahrsmüdigkeit und zur Blutreinigung.

Achtung Wenn Sie in öffentlichen Wäldern Fichtentriebe in großer Menge schneiden wollen, sollten Sie mit dem Förster abklären, ob er mit der Ernte einverstanden ist.

Küchen-Tipp Fichtentriebe sind für viele ein ungewöhnlicher Genuss. Aber sie eignen sich durchaus für die Küche, da sie zart und angenehm säuerlich nach Zitrone schmecken. Sie lassen sich einfach bei einem Waldspaziergang pflücken und an Ort und Stelle probieren. Oder man legt sie in Essig ein und verwendet sie wie Kapern. Fein gehackt eignen sie sich als Würze für Salate und Mayonnaisen. Man sollte aber in jedem Fall darauf achten, nur die ganz jungen Triebspitzen zu verwenden. Mit zunehmendem Alter werden Fichtentriebe nämlich recht hart und somit ungenießbar.

Nur ganz junge Fichtentriebe schmecken gut.

Sirup aus Fichtentrieben

500 g junge Fichtentriebe, 500 g Zucker

1. Fichtentriebe grob zerkleinern.
2. In ein Schraubglas abwechselnd Schichten von zerkleinerten Fichtentrieben und Zucker füllen.
3. Den Ansatz 3 Wochen an einem warmen Ort durchziehen lassen. Der Zucker muss sich dabei vollständig auflösen.
4. Anschließend den Ansatz durch ein Mulltuch filtern, dabei die Triebreste gut ausdrücken und den Sirup in eine Flasche abfüllen.

Dieser leicht harzig schmeckende Sirup aromatisiert Getränke und Süßspeisen auf ganz ungewöhnliche Art.

Fichtengeist

Triebspitzen von 12 Fichtenzweigen, 1 l Gin, 400 ml Wasser, 250 g Zucker

1. Triebspitzen in ein Glasgefäß geben, mit Gin übergießen, verschließen.
2. Für 6 Wochen an einen sonnigen Platz stellen, dann abfiltern.
3. Zuckerlösung aus 400 ml Wasser und 250 g Zucker aufkochen, abkühlen lassen und dann mit der Ansatzlösung mischen.
4. In Flaschen füllen, gut verschließen und 6 bis 8 Wochen ruhen lassen.

Speise-Morchel

Rundmorchel, Maurich, Mauracherl

Morchella esculenta
Morcheln

Merkmale Frühjahrspilz mit eigenartig würzigem Geruch. Stiel 3–7 cm hoch, etwa 3 cm breit, weiß bis blassgelb, hohl, unten etwas angeschwollen, wachsartig weich und sehr zerbrechlich. Der Hut ist hohl wie der Stiel, veränderlich in Größe und Gestalt, meist aber oval bis kugelig geformt und im Mittel 7 cm hoch und 5 cm breit. Die Hutoberfläche ist mit Längs- und Querleisten wabenartig aufgeteilt, oft ockergelb gefärbt, seltener graubraun. Der Hutrand ist mit dem Stiel verwachsen.

Fundorte Flussbegleitende Auwälder, dort vor allem unter Ulmen, Eschen und Pappeln. Weitere bevorzugte Wuchsorte sind Ränder von Waldstraßen, Grabenböschungen. Standorttreu.

Verwechslung Mit anderen essbaren Morchelarten, aber auch mit der giftigen Frühjahrs-Lorchel (*Gyromitra esculenta*). Dieser Pilz wächst in sandigen Kiefernwäldern, sein Hut ist rot- bis schwarzbraun gefärbt und nicht wabenartig gekammert, sondern gehirnartig gewunden.

Ernte Morcheln findet man am sichersten in der ersten Aprilhälfte. Man schneidet sie mit einem scharfen Messer knapp über dem Erdboden ab und trägt sie in einem luftigen Korb nach Hause.

Verwertung Alle Morcheln sind beliebte Speisepilze. Aber sie enthalten roh eine unverträgliche Substanz und sollten deshalb nur gekocht gegessen werden.

Achtung Wegen der vielen Insektenschlupfwinkel im Hut muss der Pilz besonders gründlich gereinigt werden.

Küchen-Tipp Morcheln sind beliebte Frühjahrspilze mit würzigem Geruch und angenehm mildem Geschmack. Frisch aus dem Wald machen sie sich ausgezeichnet in Suppen, Fleisch- und Nudelsoßen und in Rührei. Sehr gut passen sie auch zu Fisch. Geschmacklich lohnenswert, wenn auch ein wenig mühsam, ist es, sie mit einer Farce aus Hackfleisch und Kräutern zu füllen und anschließend mit Käse zu überbacken. Getrocknete Morcheln haben ein intensiveres Aroma als frische. In gut verschlossenen Gläsern lässt sich dieses Aroma lange konservieren. Mit getrockneten Morcheln kann man Suppen und Sahnesoßen verfeinern. Entscheidend für jede Art der Zubereitung ist aber eine gründliche Reinigung. Da Morcheln hohl sind, können sich im Inneren kleine Insekten und andere ungebetene Gäste verstecken. Um sie loszuwerden, halbiert man die Fruchtkörper und spült sie unter fließendem Wasser aus.

Morcheln – die Krönung eines Rühreis

Rührei mit Morcheln

Für 2 Portionen

1 Zwiebel, 2 Stückchen getrocknete Tomate, Butter, 6 bis 7 Morcheln, 3 Eier, süße Sahne, Salz, Pfeffer, 2 Scheiben Bauernbrot, Schnittlauch

1. Zwiebel und Tomaten würfelig schneiden, in Butter glasig dünsten.
2. Morcheln vierteln, zu den Zwiebeln in die Pfanne geben und etwa 5–10 min mitdünsten.
3. Eier, Sahne, Salz und Pfeffer mit dem Schneebesen verrühren, über die Morchel-Zwiebelmasse gießen und stocken lassen. Dabei immer wieder umrühren.
4. Auf Bauernbrot anrichten und mit Schnittlauchröllchen bestreuen.

Morchelfondue

500 g Morcheln, Öl zum Backen

Für den Bierteig: 100 g Mehl, 1 Ei, 1 EL Öl, 0,2 l Bier, Salz, 1 TL Provencekräuter

1. Morcheln waschen, halbieren oder auch vierteln.
2. Für den Bierteig Mehl, Eigelb, Öl, Bier und Salz gut verrühren.
3. Eiweiß schaumig schlagen, mit den Provencekräutern unter den Teig heben.
4. Im Fonduetopf Öl erhitzen, die Morcheln in den Bierteig tauchen und im heißen Öl backen.

In geselliger Runde mit Weißbrot, Fonduesaucen und einem fruchtigen Weißwein genießen.

Wildkräutersuppen

Löwenzahn-Nessel-Suppe

Je 1 Hand voll Brennnessel- und Taubnesselblätter, ½ Hand voll Löwenzahnblätter, 1 Gemüsezwiebel, etwas Butter, 1 l Gemüsebrühe, Salz, Muskat, Crème fraîche, einige Löwenzahnblüten

1. Brennnesselblätter blanchieren und fein hacken.
2. Taubnessel- und Löwenzahnblätter fein schneiden.
3. Gemüsezwiebel in kleine Würfel schneiden, in Butter glasig dünsten, die gehackten Kräuter dazugeben, mit Gemüsebrühe aufgießen und etwa 20 min kochen.
4. Kurz mit dem Pürierstab aufschäumen, mit Salz, Muskat und Crème fraîche verfeinern und mit einzelnen ausgezupften Löwenzahnblütchen bestreut servieren.

Gänsefingerkrautsuppe

1 Gemüsezwiebel, Butter, 1 EL Mehl, etwa 300 g Gänsefingerkrautblätter, 1 l Gemüsebrühe, 1 Eigelb, etwas süße Sahne, Salz, Pfeffer, Liebstöckel, 1 Hand voll Gänsefingerkrautblüten

1. Zwiebel fein schneiden, in Butter glasig dünsten und mit Mehl bestäuben.
2. Gänsefingerkrautblätter dazugeben, mit Gemüsebrühe auffüllen und 20 min kochen lassen.
3. Mit dem Pürierstab aufschäumen, anschließend mit Eigelb legieren, etwas süße Sahne unterrühren und mit Salz, Pfeffer und Liebstöckel abschmecken.
4. Vor dem Servieren mit Blüten bestreuen.

Frühlingskräutersuppe

1 Zwiebel, Butter, je 1 Hand voll Brennnessel-, Giersch- und Taubnesselblätter, 15 Blätter vom Gänseblümchen, je 10 Veilchen- und Vogelmiereblätter, 5 Löwenzahnblätter, Salz, Pfeffer, Muskat, 1 l Gemüsebrühe, süße Sahne, einige Blüten zur Dekoration

1. Zwiebel fein schneiden, in Butter glasig dünsten.
2. Wildkräuter hacken, zufügen, mit Salz, Pfeffer und Muskat würzen.
3. Mit Gemüsebrühe aufgießen, etwa 20 min kochen lassen. Anschließend mit dem Pürierstab aufschäumen.
4. Sahne zufügen, abschmecken und mit Blüten bestreut servieren.

Frühlingssalat

3 Hand voll Vogelmiereblätter, 2 Hand voll Brennnesselspitzen, je 1 Hand voll Gänseblümchen- und Knoblauchsraukenblätter, einige wenige Schlüsselblumen- und Veilchenblüten
Für die Marinade: Essig, Öl, süße Sahne, Senf, Salz und Pfeffer

1. Blätter waschen, nach Belieben ganz lassen oder grob schneiden.
2. Alles in einer Schüssel gut durchmischen und löffelweise mit der Marinade übergießen.
3. Mit den Blüten garniert servieren, denn das Auge isst mit.

Waldtsatsiki

4 Hand voll Blätter der Knoblauchsrauke, ½ Salatgurke, 1 Becher süße Sahne, 1 Becher Joghurt, Salz, Pfeffer

1. Knoblauchsraukenblätter fein hacken, Salatgurke grob reiben.
2. Sahne und Joghurt verrühren, Knoblauchsraukenblätter und Gurkenraspel unterheben, mit Salz und Pfeffer abschmecken.

Dazu schmeckt warmes, gebuttertes Fladenbrot.

Wald- und Wiesenquark

500 g Quark, etwas süße Sahne, 1 klein geschnittene Schalotte, 1 EL fein gehackte Scharbockskrautblätter, 1 EL fein gehackte Brunnenkresseblätter, Salz und Pfeffer, wenige Gänseblümchenblüten

1. Quark mit Sahne glatt rühren.
2. Schalotte, Scharbockskraut und Brunnenkresse untermischen, das Ganze mit Salz und Pfeffer abschmecken.
3. Im Kühlschrank zugedeckt etwa 1 h ziehen lassen.
4. Mit Gänseblümchenblüten bestreut servieren.

Mit Vollkornbrot, aber auch mit Folienkartoffeln gut und gesund.

Hauptgerichte

Frühlingsspinat

8 Hand voll gemischte Frühlingswildkräuter, Salzwasser, 1 Zwiebel, Butter, 1 Knoblauchzehe, etwas Mehl, süße Sahne, Salz, Pfeffer, Muskat

1. Wildkräuter waschen, in Salzwasser kurz blanchieren, abgießen, gut abtropfen lassen, fein hacken.
2. Die geschnittene Zwiebel in Butter glasig dünsten, die gepresste Knoblauchzehe und die gehackten Wildkräuter dazugeben, etwas mit Mehl verrührte Sahne angießen und noch 5 min bei leichter Hitze köcheln lassen.
3. Mit Salz, Pfeffer und etwas Muskat abschmecken.

Gierschkartoffeln

1 bis 2 Kartoffeln, Salzwasser
Für die Füllung: 1 Zwiebel, Olivenöl, 1 Knoblauchzehe, 2 Hand voll Gierschblätter, Gemüsebrühe, Frischkäse, süßer Paprika, Salz, Pfeffer, Curry, geriebener Gouda

1. Kartoffel ungeschält in Salzwasser kochen, abgießen. Anschließend jede Kartoffel kreuzweise einritzen und mit einem kleinen Löffel aushöhlen. Kartoffelmasse für Suppe o.Ä. beiseite legen.
2. Zwiebel würfeln, in Öl glasig dünsten, gepresste Knoblauchzehe und klein gehackte Gierschblätter dazugeben. 10 min leicht dünsten, eventuell etwas Gemüsebrühe angießen.
3. Vom Herd nehmen, mit Frischkäse und Gewürzen abschmecken.
4. Die Gemüsemasse in die Kartoffeln füllen, das Ganze mit geriebenem Gouda bestreuen und in einer feuerfesten Form im Backofen bei 180° überbacken.

Bandnudeln mit Morcheln und Hopfensprossen

30 etwa 10 cm lange Hopfensprossen, Salzwasser, 300 g Morcheln, 2 Schalotten, Petersilie, Butter, Olivenöl, Salz, Pfeffer, Weißwein, 0,25 l klare Brühe, süße Sahne, 500 g Bandnudeln

1. Je 10 Hopfensprossen bündeln, in Salzwasser bissfest kochen, abseihen und in etwa 3 cm lange Stücke schneiden.
2. Morcheln vierteln, Schalotten fein schneiden, Petersilie hacken.
3. Für die Soße Butter und Olivenöl erhitzen, Schalotten darin andünsten, die Morcheln dazugeben und kurz mitdünsten. Anschließend salzen, pfeffern, Weißwein und Brühe angießen, nach kurzem Aufkochen die Sahne dazugeben und etwas reduzieren lassen. Zum Schluss Hopfensprossen und Petersilie unterheben und abschmecken.
4. Bandnudeln in Salzwasser bissfest kochen, auf Tellern anrichten und die Soße darüber verteilen.

Wildkräuterstrudel

Für den Strudelteig: 250 g Mehl, etwas lauwarmes Wasser, Milch, Olivenöl, Butter und Salz
Für die Füllung: 1 Zwiebel, 1 Knoblauchzehe, 500 g bunt gemischte Wildkräuter, 150 g Quark, 1 EL Schmand, Salz, Pfeffer
Außerdem: Butter zum Bestreichen

1. Aus Mehl, Wasser, Milch, Öl, Butter und Salz einen geschmeidigen Strudelteig herstellen (er darf nicht kleben), an einem warmen Ort 1 h ruhen lassen.
2. Zwiebel und Knoblauch fein hacken, Wildkräuter waschen, abtropfen lassen und fein schneiden.
3. Quark mit Schmand glatt rühren, Zwiebel, Knoblauch und Wildkräuter untermischen, mit Salz und Pfeffer abschmecken.
4. Den Teig in 4 Stücke teilen. Jedes Stück ausrollen, mit der Füllung bestreichen und aufrollen. Dabei die Kanten gut festdrücken.
5. Die gefüllten Strudelrollen in eine feuerfeste Form legen, mit Butter bestreichen und im vorgeheizten Backofen bei 180 °C etwa 30 min backen.

Frühsommer

Im Frühsommer zeigt sich die Landschaft in voller Blütenpracht. Nun ist das Angebot an Wildkräutern fast unerschöpflich.
Auf den Wiesen blühen Salbei und Schafgarbe.
Im Buchenwald bedecken Waldmeister und Sauerklee den Boden. Und am Straßenrand entfaltet der Kerbel seine Blüten. Zu den schönsten Eindrücken eines Frühsommertags gehören blühende Heckensträucher. Im Juni leuchten zartrosa die Kelche duftender Wildrosen aus einem Meer weißer Holunder- und Weißdornblüten.
Und auch die ersten reifen Früchte laden zum Pflücken ein: rote, saftige Vogelkirschen.

Waldmeister

Wilder Waldmeister, Hasenklee, Frauenbettstroh

Galium odoratum
Rötegewächse

Merkmale Cumarinhaltige Gewürzstaude, die beim Welken intensiv süß duftet, 5–25 cm hoch. Stängel 4-kantig, unverzweigt. Blätter dunkelgrün, lang gestreckt und zugespitzt, am Rand rau, sitzen in Quirlen zu 6 bis 8 stockwerkartig übereinander. Blüten klein, weiß, trichterähnlich, bilden schirmartig ausgebreitete Blütenstände am Ende der Stängel.

Blütezeit Je nach Standort blüht der Waldmeister von April bis Juni. Seine Hauptblütezeit liegt im Mai.

Fundorte Wächst sehr häufig und in großen Beständen in Wäldern aller Art, besonders als Buchenbegleiter in schattigen Laubwäldern. Fehlt in Gebieten mit kalkarmen Böden.

Verwechslung Denkbar ist eine Verwechslung nur mit dem Wald-Labkraut (*Galium sylvaticum*), das am gleichen Standort wächst. Doch dieses wird mit 40–120 cm viel größer und hat einen runden Stängel. Seine Blätter riechen unangenehm nach Lack und sind somit zum Aromatisieren von Speisen und Getränken absolut ungeeignet.

Ernte Die grüne Pflanze vor der Blüte.

Verwertung Essbar ist die Pflanze nicht. Auch frisch gepflückt kann sie nicht verwendet werden. Aber welk oder angetrocknet ist Waldmeister ein bekannter Aromaspender für Getränke und Süßspeisen. Vor allem in der traditionellen Maibowle darf er nicht fehlen.

Achtung Waldmeister enthält Cumarin, das in erhöhter Dosis Kopfschmerzen, Schwindel und auch Sehstörungen verursachen kann.

Küchen-Tipp Beim Gedanken an Waldmeister fällt jedem sofort die berühmte Maibowle ein. Aber die Pflanze kann noch mehr. Lässt man sie eine Zeit lang in Milch, Wasser oder Apfelsaft ziehen, so erhalten Süßspeisen wie Eis, Kuchen oder Wackelpudding eine raffinierte Note. Getrocknet und luftdicht verschlossen, kann Waldmeister lange aufbewahrt und für einen gesunden Tee genutzt werden. In kleinen Schlucken getrunken, wirkt dieser Waldmeistertee angenehm beruhigend. Außerdem stärkt er den Magen und regt die Leberfunktion an.

Waldmeisterbowle, das Kultgetränk für einen lauen Maiabend

Waldmeisterbowle

10 Waldmeisterstängel, 1 Flasche Rosé- oder Weißwein, ½ unbehandelte Orange, 1 Flasche Sekt

1. Waldmeister kurz waschen und einige Stunden welken lassen. Nur so entwickelt er sein volles Aroma.
2. Gut gekühlten Wein in ein Bowlengefäß gießen, die Waldmeisterstängel bündeln und an einem Faden ins Gefäß hängen.
3. Orange in dünne Scheiben schneiden, in das Bowlengefäß legen und zusammen mit dem Waldmeister 20–30 min ziehen lassen.
4. Vor dem Servieren Orangenscheiben und Waldmeister herausnehmen, mit gut gekühltem Sekt aufgießen.

Waldmeisterlikör

35 Waldmeisterstängel, 1 gehäufter EL Zitronensäure, 1 l Wodka, 200 g Zucker, etwa 300 ml Wasser

1. Waldmeister waschen und einige Stunden welken lassen.
2. Die angewelkten Pflanzen in ein weithalsiges Glasgefäß geben, Zitronensäure und Wodka einfüllen, das Gefäß verschließen und 4 bis 5 Wochen in die Sonne stellen.
3. Abfiltern.
4. Gemisch aus Wasser und Zucker unter Umrühren erhitzen, bis sich der Zucker vollständig aufgelöst hat.
5. Diesen Zuckersirup abkühlen lassen, dann zum Waldmeisteransatz gießen.
6. In eine Flasche abfüllen und mindestens 1 Monat ruhen lassen.

Gewöhnliches Hirtentäschel

Taschenkraut, Gottesherz, Vogelkraut, Teufelsblume

Capsella bursa-pastoris
Kreuzblütler

Merkmale Ein- bis zweijährige Pflanze, 5–40 cm hoch. Tief geschlitzte Grundblätter in einer Rosette knapp über dem Boden und wenige ungeteilte Stängelblätter. Kleine, weiße Blüten, die einen lockeren Blütenstand bilden. 3-eckige, herzförmige Frucht, die mit der Herzspitze am Stiel sitzt.
Blütezeit Februar bis November.
Fundorte Weit verbreitetes Wildkraut, das auf fast allen brachliegenden Bodenflächen wächst.
Verwechslung Möglich mit dem ebenfalls essbaren Kahlen Bauernsenf (*Teesdalia nudicaulis*), der ähnliche Grundblätter, aber keine herzförmigen Samenkapseln hat.
Ernte Die Rosette der Grundblätter von März bis in den Herbst.
Verwertung Wie bei den meisten Pflanzen schmecken auch die Blätter des Hirtentäschels vor der Blüte im Frühling am besten. So passen sie hervorragend in Salate, Quark- und Frischkäsemischungen, Eierspeisen und in den bekannten Hirtentäschelauflauf. Später im Jahr sind sie eher eine würzige Zutat für Suppen und Soßen.

Achtung Hirtentäschel schmeckt je nach Jahreszeit würzig bis meerrettichartig scharf oder auch bitter. Bevor es in Salate und andere Gerichte gemischt wird, empfiehlt sich eine Kostprobe.

Wald-Sauerklee

Kuckuckskraut, Hasensalat, Herrgottsbrot, Herzklee

Oxalis acetosella
Sauerkleegewächse

Merkmale Staude, 5–15 cm hoch. Blätter lang gestielt, kleeähnlich 3-zählig. Blüten ebenfalls lang gestielt, Blütenblätter weiß, mit rötlichen Adern, am Grund mit gelben Flecken.
Blütezeit April bis Mai.
Fundorte Eine unserer häufigsten Waldpflanzen, die in Laub- und Nadelmischwäldern wächst. Auch eine typische Schattenpflanze, die sogar noch an Stellen zu finden ist, die nur von 1 % des Tageslichts erreicht werden.
Verwechslung Nur vorstellbar mit Klee (*Trifolium* ssp.), der ähnliche 3-zählige Blätter, aber vollkommen andere Blüten hat. Der Unterschied: Die Teilblättchen des Klees sind oval, tragen ein helles v-förmiges Band und schmecken nicht sauer.
Ernte Die Blätter von April bis September.
Verwertung Sein hoher Oxalsäuregehalt macht Sauerklee zu einer Pflanze, die man nicht jeden Tag essen sollte. Aber ab und zu ein paar Blättchen, entweder roh als erfrischende Beigabe in Salaten oder gekocht in Suppen, schaden auf keinen Fall. Getrocknet verliert die Pflanze viel von ihrem guten Geschmack.

Achtung Die Pflanze enthält Oxalsäure und deren Salze. In vernünftigen Mengen gegessen, wirkt sie erfrischend und blutreinigend. Aber in zu hoher Dosis kann sie Nieren- und Verdauungsstörungen auslösen.

Echtes Mädesüß

Wiesenwedel, Sumpfkraut, Brennkraut, Gänseleiter

Filipendula ulmaria
Rosengewächse

Merkmale Große, 50–200 cm hohe Staude. Stängel kantig, oft rot überlaufen. Blätter unpaarig gefiedert, bestehen aus 2 bis 5 Fiederpaaren und einer Endfieder, oben grün, unten hell behaart, am Rand gesägt. Blütenrispen aus vielen zarten, gelbweißen Blüten, die intensiv nach Mandeln duften. Die Früchte sind kleine, grüne, spiralig gedrehte Kügelchen, die beim Zerreiben einen intensiven Duft verströmen.
Blütezeit Juni bis August. Manchmal bis in den September.
Fundorte Feuchte Standorte, vor allem im Ufergebüsch von Bächen und Gräben, aber auch auf feuchten Wiesen und in feuchten Wäldern. Das Echte Mädesüß ist über ganz Nord- und Mitteleuropa verbreitet. Immer begleitet es die Bäche der Mittelgebirge und der Alpen. An sonnigen Tagen ist die Luft dort deshalb vom intensiven Duft seiner Blüten erfüllt.
Verwechslung Sehr ähnlich ist das Kleine Mädesüß (*Filipendula vulgaris*), das aber nur an trockenen Standorten wächst und dessen Blätter aus deutlich mehr Fiederpaaren bestehen.
Ernte Die Blätter von April bis September, die Blüten von Juni bis August.
Verwertung Mädesüß ist eine Aromapflanze, mit deren Blüten man Getränke und Süßspeisen verfeinert. Die Blätter passen zusammen mit anderen Frühsommerkräutern in Suppen und Spinat.

Achtung Das Mädesüß enthält in allen Teilen, vor allem in den Blüten, Salicylsäureverbindungen, wie sie auch in Aspirin zu finden sind. Ein übermäßiger Genuss kann die Magenschleimhaut reizen.

Küchen-Tipp Die duftenden Blüten des Mädesüß geben Cremespeisen, Puddings, Flammeris oder Eis eine Geschmacksnote, die an Bittermandel erinnert. Man kann mit ihnen auch Wein aromatisieren und erhält dann die bekannte Mädesüßbowle. Allerdings sollte man immer sparsam mit den Blüten umgehen. Zu viele davon schmecken sehr schnell sehr unangenehm. Mädesüßblüten verarbeitet man am besten frisch und unmittelbar nach dem Sammeln. Wer aber ein klein wenig von ihrem Duft in den Winter retten möchte, breitet sie auf einem Tablett aus und trocknet sie an einem warmen, luftigen Ort, nur nicht in der Sonne. Nach etwa 1 Woche können sie dann in einem aromadichten Glas für einen späteren Einsatz aufbewahrt werden.

Mädesüßblüten aromatisieren Milch.

Mädesüßblütenmilch

80 g Mädesüßblüten, 0,5 l Milch

1. Blütenrispen von Insekten reinigen.
2. Blüten von den Stängeln zupfen.
3. Milch mit den Blüten aufkochen, etwa 5 min ziehen lassen.
4. Durch ein Sieb abgießen, dabei die Blüten gut ausdrücken.

Mit dieser Blütenmilch können Süßspeisen aller Art zubereitet werden.

Mädesüß-Gries-Flammeri

0,5 l Mädesüßblütenmilch, 75 g Gries, 80 g Zucker, 3 Eier, Zimtzucker

1. Die Blütenmilch zum Kochen bringen, Gries und Zucker dazugeben. Ausquellen lassen, bis der Brei dick ist.
2. Eier trennen, Eigelbe mit dem Brei verrühren.
3. Eiweiße zu Schnee schlagen und vorsichtig unterheben.
4. In Portionsförmchen füllen und im Kühlschrank abkühlen lassen.
5. Stürzen und mit Zimtzucker bestreut servieren.

Dieses Flammeri hat einen interessanten Bittermandelgeschmack.

Gewöhnlicher Wiesen-Kerbel

Wilder Kerbel, Hasengras, Heustängel, Leiternkraut

Anthriscus sylvestris
Doldenblütler

Merkmale Staude, 50–150 cm hoch. Stängel hohl, kantig, gefurcht, ungefleckt. Blätter beidseitig dunkelgrün, 2- bis 3fach gefiedert, riechen beim Zerreiben ein wenig wie unreife Äpfel. Blütendolde aus 8 bis 15 Strahlen, kleine, weiße Einzelblüten.
Blütezeit April bis Juni.
Fundorte Im Mai der auffälligste Massenblüher auf überdüngten Wiesen, an Feldrainen, Gebüsch-, Weg- und Straßenrändern. Tritt auch in Obstgärten auf.
Verwechslung Bei dieser Pflanze ist äußerste Vorsicht geboten. Wer sie nicht eindeutig bestimmen kann, sollte auf eine Verwendung in der Küche auf jeden Fall verzichten. Es gibt etliche ähnliche, extrem giftige Arten wie den Gefleckten Schierling (*Conium maculatum*) mit blau bereiftem und unten rotfleckigem Stängel und die Hundspetersilie (*Aethusa cynapium*) mit dunkelgrüner Blattoberseite und hellgrüner, glänzender Blattunterseite.
Ernte Blätter und Stängel im Mai/Juni.
Verwertung Mit seinen gesunden Inhaltsstoffen ein wertvolles Gemüse. Die blanchierten Stängel erinnern an Spargel, die Blätter verleihen Fischgerichten einen delikat-würzigen Geschmack.

Achtung Nur bei absolut sicherer Identifikation verwenden. Schon bei der kleinsten Unsicherheit heißt es: Finger weg.

Gewöhnliche Schafgarbe

Achillenkraut, Neunkraft, Grillengras, Fasanenkraut

Achillea millefolium ssp. *millefolium*
Korbblütler

Merkmale Mehrjährige Pflanze mit kampferartigem Geruch, 15–60 cm hoch. Stängel kantig. Blätter wechselständig, gefiedert, Teilblättchen schmal. Blüten weiß, bilden einen flachen, doldenähnlichen Blütenstand.
Blütezeit Juni bis September.
Fundorte Auf Wiesen, an Feldrainen und Wegrändern. Sehr häufig.
Verwechslung Vor der Blüte ist eine Verwechslung mit den Blättern der Strahlenlosen Kamille (*Matricaria discoidea*) möglich. Doch der charakteristische Duft beider Pflanzen macht eine Unterscheidung leicht.
Ernte Geerntet werden Blätter und Blüten, die Sammelzeit dauert von Juni bis September.
Verwertung Die frischen Blätter passen fein gehackt hervorragend in Salate, Frischkäse, Suppen und zusammen mit Butter zu Fisch. Auch in der bekannten Meerrettichsoße schmecken ein paar fein gehackte Schafgarbenblätter pikant und gut. Getrocknet ergeben die Blätter zusammen mit Meersalz ein exquisites Kräutersalz, das fette Speisen verdaulicher macht. Die Blüten aromatisieren Likör und Saft.

Achtung Empfindliche Menschen können nach Kontakt mit dem frischen Kraut einen juckenden Hautausschlag entwickeln, der als Schafgarbendermatitis bekannt ist.

Magerwiesen-Margerite

Wucherblume, Sternblume Talerblume, Johannisblume

Leucanthemum vulgare
Korbblütler

Merkmale Ausdauernde Pflanze, 20–90 cm hoch. Sieht aus wie ein großes Gänseblümchen. Stängel wenig verzweigt, hart, aufrecht, etwas behaart. Stängelblätter ohne Blattstiel, Grundblätter mit Blattstiel, alle dunkelgrün und am Rand grob gezähnt. Strahlige Blütenköpfe setzen sich zusammen aus 20 bis 25 weißen Zungenblüten am Rand und 400 bis 500 gelben Röhrenblüten im Zentrum.

Blütezeit Mai bis Juli.

Fundorte In Wiesen, an neu angelegten Wegen und Straßen, grasigen Böschungen. Die Margerite gedeiht als Pionierpflanze auf allen Böden, die nicht zu nass und nährstoffarm sind.

Verwechslung Vor der Blüte ist eine Verwechslung mit dem giftigen Jakobs-Greiskraut (*Senecio jacobaea*) am gleichen Standort denkbar. Dessen Blätter sind deutlich größer und tief eingeschnitten. Während der Blütezeit ist eine Verwechslung dann jedoch ausgeschlossen, da das Jakobsgreiskraut gelb blüht.

Ernte Blütenköpfe von Mai bis Juli, die jungen Blätter und Triebe von März bis Mai.

Verwertung Blätter und junge Triebe können roh in Salate, Suppen und Eierspeisen gegeben werden. Sie schmecken auch blanchiert oder frittiert. Die Blüten stellen eine ungewöhnliche, essbare Dekoration für Salate und kalte Platten dar.

Achtung In den Blüten sitzen oft gut getarnt Krabbenspinnen, die man vor dem Sammeln herausschütteln sollte.

Küchen-Tipp Chrysanthemenblätter werden in Asien gern gegessen. Die Magerwiesenmargerite, die zur gleichen Pflanzenfamilie gehört, ist jedoch als Gemüsepflanze wenig bekannt. Dabei schmecken ihre büscheligen Frühjahrstriebe roh im Salat oder blanchiert mit einer Wildkräutersoße süß und aromatisch. Nur ältere Blätter eignen sich nicht für die Küche. Sie sind hart und häufig auch bitter. Wer sie dennoch nutzen will, sollte sie in etwas lauwarmem Salzwasser entbittern. Margeritentriebe erntet man am besten, solange der Blütenstiel noch sehr kurz ist. Nur zu diesem Zeitpunkt sind sie zart und aromatisch. Aber gerade jetzt ist auch die Gefahr sehr groß, sie mit denen des giftigen Jakobsgreiskrauts zu verwechseln. Um jeden Irrtum auszuschließen, sammelt man am besten nur an bekannten und sicheren Margeritenstandorten.

Margeriteneier

Margeriteneier

6 Eier, 1 Hand voll Margeritentriebe, 6 Anchovis, 3 Kapern, 3 EL Butter, Salz, Pfeffer, 12 Margeritenblüten

1. Eier hart kochen, schälen, halbieren, die Eigelbe herauslösen.
2. Margeritentriebe, Anchovis und Kapern fein hacken.
3. Eidotter zusammen mit Butter, Margeritentrieben, Anchovis und Kapern verrühren, falls notwendig salzen und pfeffern.
4. Diese Masse in die Eihälften füllen.
5. Die gefüllten Eier auf einer Platte anrichten und mit Margeritenblüten verzieren.

Knusprige Margeritenknospen

2 Hände voll Margeritenknospen mit kurzem Stiel, Mehl, 1 Ei, Paniermehl, 0,5 l Öl, Salz, Pfeffer, 1 unbehandelte Zitrone

1. Margeritenknospen waschen, trocken tupfen, dann nacheinander in Mehl, dem verquirltem Ei und Paniermehl wenden.
2. In heißem Öl portionsweise goldgelb ausbacken.
3. Herausheben und zum Abtropfen auf Küchenpapier ausbreiten.
4. Mit Salz und Pfeffer würzen.
5. Mit den Zitronenachteln garnieren und sofort servieren.

Zu dieser knusprigen Leckerei passt eine frische Kräutervinaigrette.

Acker-Senf

Wilder Senf, Brauner Senf, Ackerkohl

Sinapis arvensis
Kreuzblütler

Merkmale Einjährige Pflanze, 20–60 cm hoch. Stängel aufrecht, oft verzweigt. Blätter graugrün, rau behaart, meist ungeteilt, im unteren Stängelbereich gestielt, oben sitzend. Blüten gelb, mit 4 waagrecht abstehenden Kelchblättern. Schotenfrucht mit langer Schnabelspitze und rotbraunen Samen.
Blütezeit Juni bis September.
Fundorte Häufiges Ackerwildkraut.
Verwechslung Ähnlich ist der ebenfalls essbare Hederich (*Raphanus raphanistrum*) mit schmaleren Stängelblättern, aufrechten Kelchblättern und Schoten, die zwischen den Samen eingeschnürt sind.
Ernte Die jungen Blätter vor der Blüte. Die Blütenknospen während der gesamten Vegetationsperiode. Die Samen, sobald die Schoten reif sind und aufspringen.
Verwertung Die Blätter passen in kleinen Mengen roh und fein gehackt in Salate und auf Leberwurstbrot. Auch gekocht im Gemüse schmecken sie. Die Blütenknospen werden etwa 3 min in Salzwasser gekocht und dann mit Butter und fein gehackter Zwiebel abgeschmeckt. So zubereitet erinnern sie an Brokkoli. Aus den Samen kann man einen deftigen Senf herstellen.

Achtung Die Blätter des Ackersenfs fallen beim Kochen sehr stark zusammen. Für eine Gemüsemahlzeit braucht man daher eine große Menge.

Echte Nelkenwurz

Nelkenkraut, Weinwurz, Johanniswurzel, Heil der Welt

Geum urbanum
Rosengewächse

Merkmale Ausdauernde Pflanze, 25–60 cm hoch. Stängel aufrecht, rau behaart. Grundblätter lang gestielt, unpaarig gefiedert. Stängelblätter 3-zählig oder einfach. Gelbe Blüten mit zurückgeschlagenen Kelchblättern und ausgebreiteten Kronblättern. Einzelfrüchte mit langem, purpurfarbenem, hakig gebogenem Schnabel, sitzen in einem kugeligen Köpfchen.
Blütezeit Mai bis September.
Fundorte Gedeiht an stickstoffreichen, halbschattigen Standorten, vor allem in Auwäldern, Laubmischwäldern und Gebüschsäumen, aber auch an Wegrändern und Mauern.
Verwechslung Ähnliche Blüten hat die Blutwurz (*Potentilla erecta*). Doch diese Pflanze bevorzugt stickstoffarme Böden. Ihr Wurzelstock riecht nicht nach Nelken und färbt sich beim Zerbrechen blutrot.
Ernte Die jungen Blätter von April bis Juni, die Wurzeln ganzjährig.
Verwertung Nelkenwurz ist ein altes Heil- und Würzkraut. Vor allem ihre Wurzel enthält ätherisches Öl, Gerb- und Bitterstoffe. Sie riecht nach Gewürznelken und wird wie diese als Gewürz für Suppen und Soßen genutzt. In England nimmt man sie als Aromastoff für Bier, Wein und Likör.

Achtung Diese Pflanze ist sehr geschmacksintensiv und sollte nur in kleinen Mengen verwendet werden.

Kohl-Gänsedistel

Milchdistel, Weiche Distel

Sonchus oleraceus
Korbblütler

Merkmale Einjährige, bis zu 1 m hohe Pflanze mit weißem Milchsaft. Stängel hohl. Blätter wechselständig, groß, mit rötlich gefärbtem Mittelnerv und gezähntem Rand, umfassen den Stängel mit pfeilförmig zugespitzten Fortsätzen (Öhrchen). Hellgelbe Blütenköpfchen.
Blütezeit Juni bis Oktober.
Fundorte Häufiges Wildkraut auf Ödland aller Art, in Feldern und Gärten.
Verwechslung Eine Verwechslung ist besonders mit der Rauen Gänsedistel (*Sonchus asper*) und der Acker-Gänsedistel (*Sonchus arvensis*) möglich, aber nicht gefährlich. Beide Arten sind essbar. Die Blätter der Rauen Gänsedistel umfassen den Stängel mit 2 runden, spiralförmig gewundenen Öhrchen, die der Ackergänsedistel mit glatten, abgerundeten Öhrchen.
Ernte Junge Triebe und Blätter von März bis Oktober.
Verwertung Der lateinische Artname „oleraceus" bedeutet „gemüseartig" und ist ein Hinweis darauf, dass die Kohlgänsedistel schon in früheren Jahrhunderten als Gemüsepflanze bekannt war. Ihre jungen Blätter schmecken zart und süß. Fein gehackt passen sie in Salate. Ältere Blätter werden besser gekocht und in Suppen und Gemüsegerichten verarbeitet.

Achtung Die Kohlgänsedistel braucht eher ein mildes Klima. In den rauen Lagen der Mittelgebirge fehlt sie.

Gewöhnlicher Wiesen-Bocksbart

Vormittagsblume, Süßstängel, Süßling

Tragopogon pratensis ssp. *pratensis*
Korbblütler

Merkmale Zweijährige Pflanze mit weißem Milchsaft, 30–70 cm hoch. Braune Pfahlwurzel. Blätter lang, schmal, blaugrün, umfassen den Stängel. Dunkel goldgelber, sternförmig ausgebreiteter Blütenkopf. Blütenkelch aus 8 in einer Reihe angeordneten Hüllblättern.
Blütezeit Mai bis Juli.
Fundorte Vor allem in feuchten, gut gedüngten Wiesen, an Wegrändern.
Verwechslung Man könnte verschiedene, essbare Schwarzwurzelarten für einen Wiesenbocksbart halten, so z. B. die Purpur-Schwarzwurzel (*Scorzonera purpurea* ssp. *purpurea*) im gleichen Lebensraum oder die Niedrige Schwarzwurzel (*Scorzonera humilis*), die auf Moorwiesen wächst. Der Blütenkelch der Schwarzwurzeln besteht jedoch aus mehreren Reihen kurzer, schuppenähnlicher Hüllblätter.
Ernte Die Blätter von April bis Juni. Die Blütenknospen von Mai bis Juni. Die Wurzeln vom Herbst des 1. bis zum Frühjahr des 2. Lebensjahrs, später sind sie holzig.
Verwertung Junge Blätter passen in Salate und Gemüsegerichte. Die Blütenknospen schmecken roh oder kurz gedünstet hervorragend. Die Wurzel – sie ist auch als „falsche Schwarzwurzel" bekannt – schmeckt gekocht überaus delikat.

Achtung Die Samen sind ungenießbar.

Großer Sauerampfer

Sauergras, Sauerstängel, Läuskraut, Salatampfer

Rumex acetosa
Knöterichgewächse

Merkmale Staude, 30–100 cm hoch. Blätter wechselständig, bis zu 10 cm lang, pfeilförmig, die unteren lang gestielt, die oberen ungestielt, jedes Blatt an der Basis mit 2 rückwärts gerichteten, spitzen Fortsätzen. Lange Blütenrispen aus kleinen, roten Einzelblüten.

Blütezeit April bis Juli.

Fundorte Grasland aller Art, besonders häufig auf feuchten, nährstoffreichen Böden. Dort bildet es Massenbestände und färbt die Wiesen mit seinen Blüten rot.

Verwechslung Möglich mit anderen ungefährlichen Ampferarten, z. B. mit dem Krausen Ampfer (*Rumex crispus*). Diese Pflanze blüht grünbraun, ihre Blätter sind am Rand wellig gekräuselt. Oder mit dem Kleinen Sauerampfer (*Rumex acetosella* var. *acetosella*), der nur 5–20 cm hoch wird und eher trockene, sandige, nährstoffarme Böden bevorzugt.

Ernte Die Blätter werden vom Mai bis in den Hochsommer gepflückt.

Verwertung Sauerampfer ist ein hoch geschätztes Wildgemüse, das auch Sterneköche in ihren Rezepten verwenden. Die Bandbreite seiner Verwertungsmöglichkeiten ist groß. Sauerampfer gibt Suppen, Salaten, Gemüse- und Kartoffelgerichten, aber auch Butter, Quark und anderen Brotaufstrichen einen fein säuerlichen Geschmack. Und er ist eines der 7 Kräuter der legendären Frankfurter Soße.

Achtung Man sollte Sauerampfer nicht in größeren Mengen essen, da er wegen seines hohen Oxalsäuregehalts Stoffwechselstörungen verursachen kann. Personen mit Neigung zu Rheuma oder Steinerkrankungen verzichten besser ganz darauf.

Küchen-Tipp Junge Sauerampferblätter haben einen erfrischenden, zitronenähnlichen Geschmack. Frisch von der Hand in den Mund hat sie wohl jeder schon versucht und war erstaunt über ihren unverwechselbaren Geschmack. Auch zu Suppe oder Soße verarbeitet sind sie unvergleichlich. Sauerampfer gehört neben Schnittlauch, Estragon und Kerbel in Frankreich zu den erlesenen Küchenkräutern. Der Kochkünstler Paul Bocuse machte ihn mit seiner Soupe à l'oseille weltberühmt. Manche Blätter haben auffällige braune Flecken. Sie sind von Rostpilzen befallen und werden nicht verwendet.

Sauerampfersoße passt zu gekochtem Rindfleisch, Hähnchenbrustfilets und Kartoffeln, aber auch zu Forelle.

Sauerampfersoße

40 g Butter, 4 Hand voll Sauerampfer, 250 ml süße Sahne, Salz, Pfeffer, Muskat

1. Die Hälfte der Butter zerlassen.
2. Die Hälfte des Sauerampfers dazugeben und andünsten.
3. Süße Sahne angießen.
4. Etwa 5 min leise köcheln lassen.
5. Mit dem Stabmixer pürieren.
6. Restliche Butter einrühren, mit den Gewürzen abschmecken, noch einmal durchmixen und vom Herd nehmen.
7. Restlichen Sauerampfer fein schneiden und erst unmittelbar vor dem Servieren in die fertige Soße rühren. Sonst färbt er sich braun.

Sauerampfersuppe

1 Stange Lauch, 2 mittelgroße Kartoffeln, 4 Hand voll Sauerampfer, 2 EL Öl, 25 g Butter, 1 l Gemüsebrühe, 125 ml Crème fraîche, Salz, Pfeffer, Muskat

1. Lauch in feine Ringe schneiden, Kartoffeln würfeln, vom Sauerampfer die groben Stiele entfernen, dann in Streifen schneiden.
2. Öl und Butter erhitzen, Lauch darin anbraten, Kartoffeln dazugeben und mit Gemüsebrühe auffüllen.
3. Das Ganze 10–15 min leise köcheln lassen.
4. Sauerampferstreifen dazugeben.
5. Mit dem Stabmixer pürieren.
6. Crème fraîche einrühren und mit den Gewürzen abschmecken.

Schmeckt unverwechselbar.

Schmalblättriges Weidenröschen

Wald-Weidenröschen, Stauden-Feuerkraut

Epilobium angustifolium
Nachtkerzengewächse

Merkmale Mehrjährige Pflanze, 50–150 cm hoch. Stängel dicht beblättert, selten verzweigt. Blätter wechselständig, lang und schmal wie Weidenblätter. Rote Blüten in langen Trauben an der Stängelspitze. Samen mit langem, weißem Haarschopf.
Blütezeit Juni bis August.
Fundorte Laub- und Nadelwälder, bevorzugt auf Kahlschlägen, Waldlichtungen.
Verwechslung Mit anderen Weidenröschenarten, besonders dem viel kleineren, zarteren und ebenfalls essbaren Berg-Weidenröschen (*Epilobium montanum*) in Wäldern, Hecken und Gärten möglich.
Ernte Die jungen Triebe im Frühling, die Blätter und der obere Stängelteil bis zum Ende des Frühsommers. Später im Jahr schmecken sie bitter.
Verwertung Das Weidenröschen gilt als gehaltvolle Nahrungspflanze. Seine jungen Triebe schmecken blanchiert oder auch roh süßlich spargelähnlich. Die jungen Frühlingsblätter isst man als Salat. Später im Jahr werden sie zu Gemüse verarbeitet. Wegen ihres säuerlichen Geschmacks sollten sie mit milder schmeckenden Kräutern kombiniert werden. Getrocknet und zerrieben sind die Blätter Grundlage für eine Art grünen Tee.

Achtung Die langen weißen Samenhaare sind als Kissenfüllung geeignet.

Kleiner Wiesenknopf

Becherblume, Nagelkraut, Antoniusknopf

Sanguisorba minor ssp. *minor*
Rosengewächse

Merkmale Ausdauernde Pflanze, 20–70 cm hoch. Stängel aufrecht, nur im oberen Teil ein wenig verzweigt. Blätter bilden eine bodennahe Rosette, jedes Blatt aus 9 bis 25 ovalen Teilblättchen, alle am Rand grob gezähnt. Blüten in runden Köpfchen am Ende der Stängel, zunächst grün, später rot überlaufen.
Blütezeit Mai bis Juni.
Fundorte Besiedelt trockene, wenig gedüngte Wiesen, Wegränder.
Verwechslung Ähnlich und ebenfalls essbar, aber deutlich weniger aromatisch ist der Große Wiesenknopf (*Sanguisorba officinalis*). Diese Pflanze wächst auf feuchten Wiesen und wird mit 30–120 cm Höhe deutlich größer.
Ernte Die Blätter werden während der gesamten Vegetationsperiode gepflückt. Am besten sind die zartgrünen jungen Blättchen im Inneren der Rosette.
Verwertung Der Kleine Wiesenknopf ist eine klassische Würzpflanze, die früher auch in Gemüse- und Kräutergärten kultiviert wurde. Heute ist er dort weitgehend durch die Petersilie ersetzt. Aber als Wildpflanze steht er immer noch zur Verfügung. Frisch bereichert er Wildkräutersalate, Kartoffelsalate, Suppen und kalte Soßen mit einem Geschmack, der an Borretsch erinnert.

Achtung Der Kleine Wiesenknopf darf nur frisch verwendet werden. Gekocht oder getrocknet verliert er sein Aroma.

Arznei-Beinwell

Beinwurz, Soldatenwurz, Wilder Komfrey

Symphytum officinale ssp. *officinale*
Raublattgewächse

Merkmale Mehrjährige Pflanze, 10–90 cm hoch, rau behaart. Stängel hohl. Grundblätter in Büscheln, Stängelblätter wechselständig, breit und länglich geformt, an der Unterseite mit groben Adern, laufen am Stängel herab. Glockenförmige, rotviolette, gelbe oder auch rosa Blüten, in einem traubenähnlichen Blütenstand.

Blütezeit Mai bis August.

Fundorte Verbreitet an feuchten Standorten: in feuchten Wiesen, an Seeufern, Gräben, Weg- und Straßenrändern.

Verwechslung Wer den Beinwell nicht genau kennt, sollte am besten nur Blätter von blühenden Pflanzen sammeln. Dann ist er unverwechselbar. Vor der Blüte besteht die Gefahr, seine Blätter mit denen des giftigen Roten Fingerhuts (*Digitalis purpurea*) zu verwechseln. Der Unterschied: Die Blätter des Beinwells fühlen sich rau, fast borstig an, die des Roten Fingerhuts dagegen weich und flaumig.

Ernte Die Blätter von April bis August.

Verwertung Junge Beinwellblätter sind eine hervorragende Salatbeigabe. Ältere sind wegen ihrer rauen Behaarung zum Rohessen ungeeignet und müssen gedünstet werden. Mit Knoblauch gewürzt ergeben sie ein feines Gemüse. Besonders gut schmecken sie in Bierteig getaucht und in heißem Fett ausgebacken. Aber auch aufgerollt wie Rouladen sind sie mit einer fleischigen oder vegetarischen Füllung köstlich.

Achtung Beinwell enthält – wenn auch in sehr geringer Konzentration – Pyrrolizidinalkaloide, die als krebserregend und leberschädigend gelten. Untersuchungen haben aber ergeben, dass bei gelegentlichem Verzehr in angemessenen Mengen kein erhöhtes Krankheitsrisiko besteht. Es ist eben, wie Paracelsus schon sagte, alles eine Frage der Dosis.

Küchen-Tipp Beinwell enthält neben den gefährlichen Alkaloiden hochwertige Proteine, Vitamine, Schleimstoffe, Gerbstoffe und Allantoin. Wer ihn im Garten hat, ist das ganze Jahr mit gesunden Vitalstoffen versorgt. „Beinwell löst Fremdstoffe im Körper auf, scheidet sie aus und kräftigt den Organismus", sagte schon Pfarrer Kneipp. In der Küche werden nur die Blätter, frisch oder getrocknet, verwendet. Sie sollten unmittelbar nach dem Pflücken verarbeitet werden, damit möglichst wenige der wertvollen Inhaltsstoffe verloren gehen.

Beinwellvitaldrink

Beinwellvitaldrink

10 Beinwellblätter, 0,75 l Wasser, 1 Pampelmuse, 4 Orangen, 3 Möhren, 1 Zitrone

1. Beinwellblätter mit Wasser im Mixer zerkleinern.
2. Die erhaltene Lösung 2 h ziehen lassen. In dieser Zeit färbt sie sich dunkelgrün.
3. Die Flüssigkeit abfiltern.
4. Mit dem frisch gepressten Saft der Pampelmuse sowie der Orangen und Möhren mischen.
5. Eventuell mit einem Spritzer Zitronensaft abschmecken und dann eisgekühlt servieren.

Ein vitalstoffreiches und erfrischendes Getränk für heiße Frühsommertage

Beinwellchips

Für den Bierteig: 200 g Mehl, 0,25 l Bier, Salz
Außerdem: 20 schöne, nicht allzu große Beinwellblätter, Öl zum Ausbacken

1. Aus Mehl, Bier und Salz einen dünnflüssigen Teig herstellen und etwa 30 min quellen lassen.
2. Beinwellblätter in den Bierteig tauchen und anschließend in sehr heißem Öl knusprig goldgelb ausbacken.
3. Zum Abtropfen auf Küchenpapier legen.

Mit einer Salatplatte eine pikante Vorspeise oder Zwischenmahlzeit

Schlangen-Wiesenknöterich

Schlangenknöterich, Hasenohr, Hirschzunge, Mooszäpfchen

Bistorta officinalis ssp. *officinalis*
Knöterichgewächse

Merkmale Ausdauernde Pflanze, 30–120 cm hoch. Stängel gerade, unverzweigt. Blätter wechselständig, länglich eiförmig, im unteren Stängelbereich gestielt, oben sitzend, alle Blätter mit dicker weißer Mittelrippe. Dichter, walzenförmiger, rosa Blütenstand, etwa 1 cm dick und 5 cm lang.
Blütezeit Mai bis August.
Fundorte Feuchte Wiesen, Auwälder.
Verwechslung Denkbar mit dem Wasser-Knöterich (*Persicaria amphibia*), der in einer Land- und Wasserform auftritt. Die Landform ist aber deutlich kleiner als der Wiesenknöterich, ihr Blütenstand dünner und kürzer, ihre Blätter schmaler. Keine dieser Formen ist giftig.
Ernte Die Blätter von Mai bis Oktober.
Verwertung Eine der wichtigsten Wildgemüsepflanzen. Die großen Blätter passen, solange sie noch jung sind, gut in gemischte Salate. Auch fein gehackt auf Kartoffeln, Nudeln oder Reis sind sie köstlich. Später verarbeitet man sie zu einem wunderbaren Gemüse, das wie Blattspinat schmeckt, aber auch zu Aufläufen und Soufflés. In England waren sie lange Grundlage für einen deftigen Gemüsepudding.

Achtung Diese Pflanze tritt mehr im Berg- und Hügelland auf, fehlt deshalb im Norden in weiten Teilen.

Große Klette

Wolfskraut, Haarwachswurzel, Kratzkugel, Soldatenknopf

Arctium lappa
Korbblütler

Merkmale Zweijährige Pflanze, 70–200 cm hoch. Lange, schwarze Wurzel, die tief in der Erde sitzt. Stängel mit Mark gefüllt, gefurcht, oft rot überlaufen. Blätter herzförmig, sehr groß, lang gestielt, oben grün, unten weißgrau, Blattstiel markig. Kugelförmige, dunkelrote Blütenköpfchen.
Blütezeit Juli bis August.
Fundorte Weg- und Straßenränder, Schutthalden, brachliegende Felder.
Verwechslung Die Pflanze ist so typisch, dass sie kaum verwechselt werden kann.

Ernte Die Blattstängel im April/Mai. Die jungen Blütenstiele im Mai/Juni. Die Wurzel vom Herbst bis zum Frühjahr.
Verwertung Die Klette ist ein wirklich vielseitiges Wildkraut. Wer die Mühe nicht scheut, eine Klettenwurzel auszugraben, wird mit einem überaus köstlichen Wurzelgemüse belohnt. Man verwendet Klettenwurzeln vom Herbst des 1. Lebensjahrs der Pflanze bis zum Frühjahr des 2. Jahrs. Die jungen Blattstängel kann man schälen und in den Salat schneiden oder wie Spargel kochen. Das Beste an der Klette ist das Mark der Stiele. In mundgerechte Stücke geschnitten und über Dampf gegart, schmeckt es mild und nussartig.

Achtung Klettenblätter, selbst die jungen, sind in der Küche unbrauchbar. Sie schmecken zu bitter.

Gewöhnlicher Dost

Wilder Majoran, Wohlgemut, Zahnwehkraut, Schusterkraut

Origanum vulgare ssp. *vulgare*
Lippenblütler

Merkmale Mehrjährige Pflanze mit herbwürzigem Geruch, 20–50 cm hoch, leicht an ihrem umfangreichen Blütenstand zu erkennen. Stängel aufrecht, rund. Blätter kurz gestielt, ganzrandig oder schwach gezähnt, im Bereich des Blütenstands oft rötlich überlaufen. Flach halbkugelige Blütenstände, auffällig ist der farbliche Kontrast der einzelnen Blüten: Die Kelchblätter sind rot, die zarten Blütenblätter dagegen rosa gefärbt.
Blütezeit Juli bis September, je nach Klimalage auch schon im Juni.
Fundorte An trockenen, sonnigen Hängen, Heckensäumen und Straßenböschungen bis in eine Höhe von 1800 m. Vor allem auf Kalk weit verbreitet. In den Sandgebieten des norddeutschen Tieflands fehlt er hingegen weiträumig.
Verwechslung Dost findet man am leichtesten mit der Nase. An seinen Standorten ist die Luft von einem kräftigen Geruch nach südlicher Küche erfüllt. Dieser typische Duft macht die Pflanze zusammen mit dem Farbkontrast ihrer Blüten unverwechselbar.
Ernte Blätter vor und während der Blütezeit, Blütenstände von Juli bis September.
Verwertung Dost ist ein typisches Würzkraut. Frisch geerntet oder getrocknet, macht er fette Speisen bekömmlicher. Darüber hinaus hat er auch einen festen Platz in der Volksheilkunde. Ein Teeaufguss hilft bei Erkrankungen der Atemwege, Appetitmangel und Zahnschmerzen (Zahnwehkraut).

Achtung Dostblüten sollte man nicht kochen. Dabei verlieren sie viel von ihrem würzigen Aroma.

Küchen-Tipp Dost ist vor allem ein Würzkraut für südliche Gerichte. Dabei ist die Würzkraft seiner Blüten deutlich intensiver als die der Blätter. Mit Dost würzt man Pizzen, Nudel- und Reisgerichte, Salate, Käse, aber auch Grillfleisch und gebratenen Fisch. Er harmoniert sehr gut mit Tomaten, Zucchini und Mozzarella und verleiht Bratkartoffeln eine besondere Note. Mariniert man schwarze Oliven 1 Woche lang in Olivenöl und reichlich Dost, entsteht eine delikate Beilage zu Rotwein, Käse und Baguette. Und auch wenn es für viele schwer vorstellbar ist, so passt dieses Gewürz ebenfalls hervorragend zu Süßspeisen. Kräuterbratäpfel mit Dost, Malvenblättern, Holunderbeeren und Salbeihonig schmecken ungewöhnlich, aber gut.

Dost-Pflaumen-Soße schmeckt zu Kassler und kurz gebratenem Fleisch.

Dost-Pflaumen-Soße

250 g Dörrpflaumen, 0,25 l Wasser, 1 TL Weizenmehl, 1 TL Butter, 3 Dostblütenstände, ½ TL Zimt, 1 TL frisch gemahlener grüner Pfeffer, etwas Rum

1. Pflaumen über Nacht in dem Wasser einweichen.
2. Im Einweichwasser weich kochen, herausnehmen, entsteinen und fein schneiden.
3. Kochwasser mit Weizenmehl verrühren, aufkochen.
4. Butter, fein gehackten Dost, Zimt und grünen Pfeffer unterrühren.
5. Pflaumen dazugeben und eventuell mit Rum abschmecken.

Dostkartoffeln

1 kg Kartoffeln, Salz, Pfeffer, Muskat, 3 Dostblütenstände, 50 g Butter, gut 0,25 l Milch, 1 Becher süße Sahne

1. Kartoffeln schälen, in dünne Scheiben schneiden und mit Salz, Pfeffer und Muskat würzen.
2. Harte Stängel vom Dost entfernen, den Rest klein hacken.
3. In eine gefettete Auflaufform eine Schicht Kartoffelscheiben einlegen, mit dem gehackten Dost bestreuen.
4. Bis unter den Rand der Auflaufform weiterschichten, die oberste Kartoffelschicht nicht mit Dost bestreuen.
5. So viel Milch angießen, dass etwa die Hälfte der Kartoffeln bedeckt ist.
6. Mit süßer Sahne auffüllen und mit Butterflöckchen belegen.
7. Im vorgeheizten Backofen bei 170 °C etwa 1,5 h backen.

Gewöhnlicher Natternkopf

Drachenwurz, Stachelblume, Eisenkraut, Bettelmann

Echium vulgare
Raublattgewächse

Merkmale Zweijährige Pflanze. Stängel 30–80 cm hoch, dicht mit Haaren besetzt. Blätter ebenfalls rauhaarig, lang und schmal, die Grundblätter bis zu 30 cm lang und 3 cm breit, die Stängelblätter deutlich kürzer. Blüten anfangs rosa, später leuchtend blau. Die Griffel sind an der Spitze gespalten und ragen weit aus den Blüten heraus.
Blütezeit Juni bis August.
Fundorte Weit verbreitet an sonnigen, trockenen Standorten, an Wegen, Bahndämmen.

Verwechslung Der Natternkopf wird seit jeher mit der Gewöhnlichen Ochsenzunge (*Anchusa officinalis*) verwechselt. Beide Pflanzen haben viele gemeinsame Volksnamen, beide sind borstig behaart und beide verändern ihre Blütenfarbe von rosa nach leuchtend blau. Und beide sind essbar. Der Unterschied liegt in den Blüten: Der Natternkopf hat herausragende Griffel, die Ochsenzunge nicht.
Ernte Die Blätter und Stängelspitzen von Juni bis August.
Verwertung Die Blätter werden mit anderen Wildkräutern zu Spinat verarbeitet.

Achtung Der Natternkopf enthält geringe Mengen an Pyrrolizidinalkaloiden, die als krebserregend und leberschädigend gelten. Er sollte daher nur gelegentlich gegessen werden.

Gewöhnlicher Gundermann

Gundelrebe, Soldatenpetersilie, Kräutchen unter dem Zaun

Glechoma hederacea
Lippenblütler

Merkmale Würzig duftende, mehrjährige Pflanze, 5–20 cm hoch. Stängel 4-kantig, kriecht im unteren Teil über den Boden, richtet sich nur an den Blütenspitzen auf. Blätter gegenständig, herzförmig, gestielt, am Rand gekerbt. Blüten in den Blattachseln, hellblau bis violett.
Blütezeit April bis Juni.
Fundorte Wächst auf Grünland aller Art, an Zäunen, Weg-, Wald- und Heckenrändern sowie an Gewässerufern.
Verwechslung Ähnlich ist die Kleine Braunelle (*Prunella vulgaris*), jedoch mit eiförmigen, ovalen Blättern. Auch enthält Gundermann viel ätherisches Öl, das seinen ungewöhnlich würzigen Duft bedingt. Man erkennt die Pflanze sofort, wenn man ihre Blätter zwischen den Fingern zerreibt.
Ernte Die Blätter von April bis Juni.
Verwertung Gundermann ist auch heute noch ein beliebtes Küchenkraut. Frisch oder getrocknet würzt er viele Kartoffelgerichte. Ebenso gut passt er fein geschnitten in Salate, Suppen, Kräuterquark und Omeletts. Und heiße Gundermannmilch wirkt heilsam bei Erkältungen.

Achtung Wird Gundermann später im Jahr geerntet, sollte man ihn sparsam verwenden. Seine Blätter haben dann einen leicht scharfen Nachgeschmack.

Wiesen-Salbei

Blaue Blume, Wilder Salbei, Honigblume, Rachenkraut

Salvia pratensis
Lippenblütler

Merkmale Ausdauernde, aromatisch duftende Pflanze, 30–60 cm hoch. Stängel 4-kantig, behaart, Grundblätter in einer bodennahen Rosette, Stängelblätter gegenständig und kleiner als die Grundblätter, alle Blätter lang gestielt, eiförmig, runzelig, behaart, am Rand grob gekerbt. Blauviolette Lippenblüten mit seitlich zusammengedrückter Oberlippe und 3-lappiger Unterlippe, Blüten sitzen zu 4 bis 8 in vielen Stockwerken übereinander, Blütenkelch braun bis blauviolett, gefurcht.

Blütezeit Juni bis August.

Fundorte Trockene, warme Magerwiesen, Weg- und Gebüschränder, Bahndämme, Böschungen.

Verwechslung Ähnlich ist der in Gärten angebaute und gelegentlich verwilderte Echte Salbei (*Salvia officinalis*), ebenfalls eine Würz- und Heilpflanze. Der Unterschied: Die Blätter des Echten Salbeis sind schmaler und fein gezähnt bis ganzrandig.

Ernte Die Blätter werden von Mai bis Juni gepflückt, die Blüten während der gesamten Blütezeit.

Verwertung Frische oder getrocknete Salbeiblätter sind ein altbekanntes und beliebtes Gewürz für Fisch, Fleisch, Nudelgerichte, Salate, Quark- und Frischkäsemischungen. Salbeiblüten aromatisieren Öle, Essig, Buttermischungen, kalte Soßen, Süßspeisen und andere Köstlichkeiten. Salbeitee hilft bei Halsentzündungen.

Achtung Salbeiblüten verlieren ihre leuchtend blauviolette Farbe, sobald sie gekocht werden.

Küchen-Tipp Mit Eiweiß und Zucker verwandeln sich Salbeiblüten in überzuckerte Blüten zum Verzieren von Torten, Biskuitrollen und Desserts. Vor der Verwendung müssen aber alle grünen Teile wie Blütenstiel und Kelch entfernt werden. Salbeiblätter haben einen intensiven, leicht bitteren Geschmack. Sparsam verwendet machen sie in Butter gebratene Kartoffeln zu einer pikanten Delikatesse.

Salbeibutter auf Schwarzbrot

Salbeibutter

8 EL Salbeiblüten, 250 g Butter

1. Salbeiblüten aus den Kelchen zupfen.
2. Eine Lage Blüten auf einen Teller streuen.
3. Die Hälfte der Butter auf die Blüten legen.
4. Auf dem Butterstück weitere Blüten verteilen.
5. Die 2. Hälfte der Butter darauf setzen und leicht festdrücken.
6. Nun nach Belieben weitere Blüten auf der Oberseite und den Seiten verteilen.
7. Abdecken und vor dem Servieren für 24 h im Kühlschrank durchziehen lassen.

Diese Blütenbutter passt als Brot- oder Brötchenaufstrich zu einer herzhaften Frühsommersuppe, aber auch zu Ofenkartoffeln.

Salbeipfannkuchen

250 g Mehl, 3 Eier, 0,5 l Milch, 1 Prise Salz, Öl für die Pfanne, 5 EL Salbeiblüten, Zimtzucker

1. Aus Mehl, Eiern, Milch und Salz einen Pfannkuchenteig herstellen, diesen wenigstens 10 Minuten quellen lassen.
2. Dünne Pfannkuchen in heißem Öl backen, dabei auf ihre noch ungebratene Seite jeweils 5 bis 6 Salbeiblüten streuen.
3. Mit Zimtzucker bestreut servieren.

Salbeipfannkuchen sind eines der typischsten Frühsommergerichte.

Zurückgekrümmter Fuchsschwanz

Papageikraut, Saugras, Krummer Fuchsschwanz

Amaranthus retroflexus
Fuchsschwanzgewächse

Merkmale Einjährige Pflanze, 20–120 cm hoch. Stängel aufrecht, gefurcht, oft rötlich überlaufen. Blätter hellgrün, oval bis rautenförmig. Fuchsschwanzähnlicher Gesamtblütenstand aus dichten ährenartigen Teilblütenständen, Einzelblüten klein, hellgrün. Schwarz glänzende Samen.

Blütezeit Juni bis September.

Fundorte Die Art stammt aus dem südlichen Nordamerika. Sie braucht lockere, nitratreiche Böden in sommerwarmen Klimalagen. Besiedelt Müllplätze, Kompostlager, brachliegende Felder, Gemüsegärten.

Verwechslung Eine Verwechslung ist mit einigen Gänsefußarten (*Chenopodium* ssp.) möglich. Doch deren Blätter sind fester und fühlen sich mehlig an.

Ernte Die Blätter von Juni bis September, die Samen von August bis Oktober.

Verwertung Bei einigen Indianerstämmen Nordamerikas gehören Fuchsschwanzarten zur täglichen Nahrung. Einfach über Wasserdampf gegart und mit etwas Butter beträufelt oder blanchiert und zu Spinat verarbeitet, schmecken die Blätter wirklich gut. Das Mehl aus den Samen ergibt gemischt mit Weizenmehl delikate Pfannkuchen.

Achtung In den wärmeren Gebieten Mitteleuropas ist der Fuchsschwanz weit verbreitet, im nördlichen Tiefland fehlt er.

Guter Heinrich

Mehlkraut, Wilder Spinat Zuckerhut, Allgut

Chenopodium bonus-henricus
Gänsefußgewächse

Merkmale Staude. Stängel unverzweigt, hohl, gerillt, 10–50 cm hoch. Blätter ohne Fortsätze (Spießecken), lang gestielt, 3-eckig pfeilförmig, bis zu 10 cm lang, ganzrandig, unten mit vielen derben Adern und wie mit Mehl bestäubt. Kleine, grüne Blüten.
Blütezeit Mai bis August.
Fundorte Auf umgepflügten Feldern, Viehweiden, Schutthalden, in Gärten.
Verwechslung Mit anderen essbaren Gänsefuß- und Meldearten wie z. B. dem Weißen Gänsefuß (*Chenopodium album* ssp. *album*), der deutlich kleinere Blätter hat. Oder mit der Spieß-Melde (*Atriplex prostrata*), die rechtwinklig abstehende Spießecken besitzt. Aber auch mit ungenießbaren Arten wie dem Stinkenden Gänsefuß (*Chenopodium vulvaria*), den ein widerlicher Heringsgeruch kennzeichnet.
Ernte Die Blätter und die jungen Sprossspitzen sind essbar. Gesammelt wird vom Mai bis in den Herbst. Im Frühsommer pflückt man die ganze Pflanze ab, später nur die oberen zarten Blätter.
Verwertung Wildgemüsepflanze, die in der Küche ähnlich wie Giersch, Brennnessel oder Löwenzahn eingesetzt wird.

Achtung Guter Heinrich enthält Saponine und kann daneben Oxalsäure anreichern. Menschen mit Nierenerkrankungen sollte ihn daher meiden.

Weißer Gänsefuß

Butterblümchen, Krötenkraut, Wilde Melde, Wilder Spinat

Chenopodium album ssp. *album*
Gänsefußgewächse

Merkmale Einjährige Pflanze, deren Stängel und Blätter wie mit Mehl bestäubt aussehen, 10–100 cm hoch. Blätter rautenförmig, groß und fleischig, lang gestielt, oben dunkelgrün, unten hell. Winzige, grüne Blüten.
Blütezeit Juli bis September.
Fundorte Wegränder, Felder und Gärten.
Verwechslung In Mitteleuropa gibt es über 20 Gänsefußarten (*Chenopodium* ssp.), die nicht leicht zu unterscheiden sind. Auch die Spieß-Melde (*Atriplex prostrata*) am gleichen Standort ist sehr ähnlich. Sie besitzt allerdings rechtwinklig abstehende Spießecken. Eine Verwechslung ist nicht schlimm, da fast alle Gänsefuß- und Meldearten essbar sind. Und die ungenießbaren machen mit einem unangenehmen Geruch auf sich aufmerksam.
Ernte Die Blätter vom Mai bis September.
Verwertung Die Römer bauten den Weißen Gänsefuß in ihren Gemüsegärten an. Heute ist die Pflanze für viele nicht mehr als ein lästiges Unkraut, obwohl sie spinatartig mild schmeckt. Ihre Blätter werden über Dampf gegart und mit etwas Butter gegessen. Sie passen auch in Aufläufe oder Pizzen.

Achtung Der Weiße Gänsefuß enthält neben vielen wertvollen Inhaltsstoffen Oxalsäure und Saponine. Man sollte die Pflanze deshalb nicht im Übermaß essen. Personen mit Nierenerkrankungen meiden sie besser ganz.

Spitz-Wegerich

Schmaler Wegerich, Spießkraut, Fünfadernkraut, Rippenkraut

Plantago lanceolata
Wegerichgewächse

Merkmale Staude. Blütenstängel blattlos, 10–40 cm hoch. Blätter 10–20 cm lang, aber nur 2 cm breit, mit gut sichtbaren, längs verlaufenden Adern. Blüten klein, beigebraun, mit gelben Staubbeuteln, bilden einen köpfchenartigen Blütenstand.
Blütezeit April bis Oktober.
Fundorte Häufiges und ausgesprochen trittfestes Wildkraut. Wächst auf nährstoffreichen Böden in Wiesen und Weiden, an Feldrainen und Wegrändern.
Verwechslung Keine möglich.

Ernte Spitzwegerichblätter erntet man am besten, bevor sich die harten Blütenstängel nach oben schieben. Die günstigste Erntezeit ist von April bis Juni.
Verwertung Ein paar fein geschnittene Spitzwegerichblätter geben Quark- und Frischkäsemischungen eine pikante Note, vor allem, wenn man sie mit Bärlauch kombiniert. Spitzwegerichblätter schmecken immer ein wenig bitter. Man sollte sie deshalb nicht alleine zu Gemüse, Suppe oder Salat verarbeiten, sondern immer mit milderen Wildkräutern wie Vogelmiere oder Giersch mischen. Ebenso mildern Bechamelsoße oder Sahne den etwas bitteren Geschmack.

Achtung Verarbeitet man ältere, größere Blätter, sollten die Blattadern auf der Unterseite abgeschnitten oder abgezogen werden. Sie sind sehr zäh.

Sommer-Linde

Weiche Linde, Frühlinde, Bastholz

Tilia platyphyllos
Lindengewächse

Merkmale Sommergrüner, bis zu 40 m hoher Baum mit dichter, breiter Krone. Stammborke längsrissig. Blätter schief herzförmig, unten mit weißen Haarbüscheln in den Nervenachseln, am Rand gesägt. Gelbweiße Blüten, hängen zu 2 bis 5 an einem flügelartigen Tragblatt.
Blütezeit Juni.
Fundorte Bergwälder. Auch gepflanzt auf Dorfplätzen, an Wegen und Straßen, in Parks.
Verwechslung Mit weiteren Arten der Gattung *Tilia*. In Mitteleuropa sind das vor allem die Winter-Linde (*Tilia cordata*) mit rotbraunen Haarbüscheln an der Blattunterseite und die Holländische Linde (*Tilia* × *vulgaris*), eine Kreuzung aus Winter- und Sommerlinde mit hellgelben Haarbüscheln. Eine Verwechslung ist unproblematisch, da alle gleich nutzbar sind.
Ernte Von April bis Juni die jungen Blätter, die Blüten im Juni. Am intensivsten ist ihr Aroma, wenn sie sich gerade geöffnet haben.
Verwertung Lindenblüten aromatisieren Getränke, Desserts, Kuchen und tausenderlei Süßspeisen. Lindenblütentee hilft bei Erkältungen. Lindenblätter schmecken in Salaten. Und sie ergeben, mit Zucker gekocht, ein Mus, das ausgezeichnet in Joghurt passt.

Achtung Lindenblätter sind oft mit Blattläusen befallen. Diese Blätter werden nicht gesammelt.

Robinie

Falsche Akazie, Silberregen, Amerikanischer Schotendorn

Robinia pseudoacacia
Schmetterlingsblütler

Merkmale Sommergrüner, 20–25 m hoher Baum mit schirmförmiger Krone. Borke dick, längsrissig, tief gefurcht. Zweige dicht mit Dornen besetzt. Blätter 20–30 cm lang, wechselständig, unpaarig gefiedert, Einzelblättchen oval, oben sattgrün, unten graugrün. Duftende, weiße Blüten in langen, hängenden Trauben.

Blütezeit Mai bis Juni.

Fundorte Die Robinie stammt aus Nordamerika. Im 17. Jahrhundert wurde sie in Europa als Zierbaum gepflanzt und verwilderte. Heute wächst sie vor allem an Waldrändern, Bahndämmen, auch gepflanzt an Straßen.

Verwechslung Nicht möglich.

Ernte Gesammelt werden nur die Blüten, die beste Sammelzeit sind die Monate Mai/Juni.

Verwertung Robinienblüten sind Grundlage für viele wunderbare Süßspeisen. Sie sollten sofort nach der Ernte verarbeitet werden, da sie schnell welken.

Achtung Die Robinie ist ein schwach giftiger Baum. Ihre Samen, vor allem aber die Rinde enthalten verschiedene giftige Lectine. Diese sind in den Blüten ziemlich sicher nicht oder nur in so geringen Mengen vertreten, dass man sie bisher nicht nachweisen konnte. Wer ganz sicher gehen möchte, isst Robinienblüten nur gegart, nicht roh. Beim Erhitzen geht die Giftwirkung verloren.

Hunds-Rose

Heckenrose, Hetschi-Petschi, Hiffenstrauch, Juckbeere

Rosa canina
Rosengewächse

Merkmale Sommergrüner, 1–3 m hoher Strauch mit überhängenden Zweigen. Alle Zweige sind mit sichelförmig gekrümmten Stacheln besetzt. Blätter wechselständig, unpaarig gefiedert, einzelne Fiederblättchen eiförmig zugespitzt. Blüten hellrosa, sitzen einzeln an den Zweigspitzen. Rote, eiförmige bis kugelige Früchte (Hagebutten).
Blütezeit Mai bis Juli.
Fundorte Laubwälder, Waldränder, Hecken und Gebüsche. Besiedelt mit Ausnahme des hohen Nordens ganz Europa.
Verwechslung Mit anderen Wildrosenarten, die genauso nutzbar sind. Eine Unterscheidung ist ausgesprochen schwierig.
Ernte Die Blütenblätter von Mai bis Juli. Sie werden einzeln von der Blüte gezupft, Staubblätter und Blütenkelche bleiben am Strauch. Die Hagebutten im Spätherbst, wenn die Früchte leuchtend rot, aber noch fest sind.
Verwertung Rosenblütenblätter passen zu einer Vielzahl von Süßspeisen: Palatschinken mit Rosenblüten schmecken köstlich, ebenso ein Rosenblütensorbet. Aus Rosenblüten können duftende Gelees entstehen, aber auch ein Pesto oder eine pikante Rosen-Apfel-Soße. Hagebutten sind Grundlage für viele raffinierte Gerichte. Meist werden sie zu Mark, Marmelade, Suppen, Soßen, Tee, Likören und Wein verarbeitet. Hagebuttenlikör, mit den Kernen angesetzt, besitzt ein zartes Vanillearoma.

Achtung Im Fruchtfleisch mancher Hagebutten sitzen Maden der Hagebuttenfruchtfliege. Diese Früchte werden aussortiert.

Küchen-Tipp Die Hagebutte ist die Königin der Wildfrüchte. Sie lässt sich vielseitig verwenden, ist gesund und dazu noch wohlschmeckend. Sie enthält 20-mal mehr Vitamin C als Zitronen, darüber hinaus auch die Vitamine A, B, E und K, Karotin, Mineralstoffe wie Eisen, Magnesium, Natrium und Phosphor, Fruchtzucker, Pektine und Gerbstoffe. Damit ist sie eine regelrechte Naturapotheke. Als Kinder haben wir Hagebutten frisch vom Strauch gegessen, natürlich nicht, ohne vorher die kratzigen Samenkerne zu entfernen. Dabei schmecken sie eigentlich nur gekocht wirklich gut. Hagebuttenmark oder -marmelade sollte jedoch spätestens nach einem Jahr aufgebraucht sein, da bis dahin das gesamte Vitamin C verschwunden ist.

Rosenblüten-Apfel-Kaltschale

Rosenblüten-Apfel-Kaltschale

1 kg süße, knackige Äpfel, 0,5 l Apfelsaft, 2 TL Stärkemehl, 125 g Rosenblütenblätter, 125 g Schlagsahne, 2 TL Puderzucker

1. Äpfel schälen, achteln, in Dreiecke schneiden.
2. Zusammen mit dem Apfelsaft einmal aufkochen, zudecken und von Herd nehmen.
3. Stärkemehl mit 2 EL Apfelsaft verrühren, unter die Apfelmischung rühren.
4. Blütenblätter waschen, abtropfen lassen und unter die Äpfel mischen. Dabei einige Blätter als Dekoration zurückbehalten.
5. Noch einmal unter vorsichtigem Rühren aufkochen, dann kalt stellen.
6. In Teller füllen, mit ein paar frischen Blütenblättern bestreuen.
7. Schlagsahne mit Puderzucker steif schlagen und getrennt dazureichen.

Hagebuttensoße

200 g entkernte Hagebutten, einige Schalenstreifen einer unbehandelten Zitrone, Wasser, 40 g Zucker, 1 Päckchen Vanillezucker, 2 TL Speisestärke, 3 EL Apfelsaft, Zitronensaft

1. Hagebutten mit der Zitronenschale in wenig Wasser weich kochen.
2. Durch ein Sieb passieren.
3. Zucker und Vanillezucker unterrühren.
4. Speisestärke mit Apfelsaft verquirlen, unter die Hagebuttensoße rühren und einmal kurz aufkochen.
5. Eventuell mit Zitronensaft abschmecken.

Diese fruchtige Soße passt zu Pudding und Eis, aber auch zu kaltem Fleisch.

Eingriffliger Weißdorn

Hagedorn, Winterkirsche, Mehlfässchenstrauch

Crataegus monogyna
Rosengewächse

Merkmale Sommergrüner, dornig bewehrter, kugeliger Heckenstrauch oder kleiner Baum, 2–6 m hoch. Stamm mit schuppiger Borke. Blätter wechselständig, tief gebuchtet, mit 3 bis 5 spitzen Lappen. Blüten reinweiß, mit 1 Griffel, stehen doldig angeordnet, riechen unangenehm. Kugelige, blutrote Früchte mit 1 Steinkern.

Blütezeit Mai bis Juni.

Fundorte Wald- und Wegränder, Hecken und Gebüsche.

Verwechslung Eingriffliger und zweigriffliger Weißdorn (*Crataegus laevigata*), der genauso zu verwenden ist, werden oft miteinander verwechselt. Um die jeweilige Art eindeutig zu identifizieren, zählt man nur die Griffel in den Blüten oder die Steinkerne in den Früchten. Verwechslungen mit anderen Arten sind ausgeschlossen.

Ernte Von März bis April werden die jungen Blätter gepflückt, von Mai bis Juni die Blüten und von August bis Oktober die Früchte.

Verwertung Die Blätter lassen sich zu Salat und die Früchte zu Mischmarmeladen, Gelees und Mus verarbeiten. Weißdorn ist eine alte Heilpflanze, die in der Volksmedizin bei Herz- und Kreislauferkrankungen verwendet wird. Vor allem ein Blütentee wirkt blutdrucksenkend und durchblutungsfördernd. Nebenwirkungen sind keine bekannt. Blätter und Früchte haben in geringerem Ausmaß die gleiche Wirkung.

Achtung Weißdornfrüchte sind nur wenig süß und ziemlich mehlig und deshalb roh kaum zu verwerten.

Küchen-Tipp Junge, zarte Weißdornblätter passen ausgezeichnet in Salate. Die älteren sind zum Essen zu hart. Aus den Früchten kocht man ein Mus, würzt dieses, vermischt es mit Mehl und backt daraus einen Kuchen oder Früchtebrot. Ein solches Brot überrascht nicht nur mit seiner rötlichen Farbe, sondern auch mit seinem feinen Geschmack.

1 *Weißdornfrüchte*
2 *Weißdornblütentee ist gut fürs Herz.*

Weißdornblütentee

1–2 TL Weißdornblüten pro Tasse, Wasser, Honig oder Kandiszucker zum Süßen

1. Weißdornblüten mit einer Tasse heißem Wasser überbrühen.
2. 10 min ziehen lassen.
3. Abseihen.
4. Je nach Geschmack mit Honig oder Kandiszucker süßen.

Dieser Tee wird mit Recht als Anti-Stress-Tee bezeichnet.

Weißdorn-Birnen-Dessert

800 g Birnen, 200 g Weißdornbeeren, 50 ml Birnensaft, 5 EL Honig, 1 Päckchen Vanillezucker, 200 g Quark, etwas Milch, 50 ml süße Sahne

1. Birnen schälen, achteln, zusammen mit den Weißdornbeeren im Birnensaft aufkochen und anschließend 5–10 min ziehen lassen.
2. Die Fruchtmasse durch ein feines Sieb passieren.
3. In das erhaltene Mus Honig und Vanillezucker einrühren, kalt stellen.
4. Vor dem Servieren den Quark mit etwas Milch glatt rühren, Sahne steif schlagen, beides unter das Weißdorn-Birnen-Mus heben.

Wild-Apfel

Holzapfel, Sauerapfel, Buschapfel

Malus sylvestris
Rosengewächse

Merkmale Sommergrüner, 5–10 m hoher Baum. Borke graubraun, blättert in großflächigen Schuppen ab. Äste mit Dornen. Blätter wechselständig, eiförmig zugespitzt, oben glänzend grün, unten matt und auf den Nerven behaart. Blüten in Gruppen zu 3 bis 8, Blütenblätter innen weiß bis rosa, als Knospe außen dunkelrosa. Gelbgrüne Apfelfrucht, etwa tischtennisballgroß.
Blütezeit Mai bis Juni.
Fundorte Auwälder, Laubmischwälder, Waldränder, Hecken, Gebüsche.

Verwechslung Wildapfelbäume sind oft nicht oder nur schwer von verwilderten Kulturformen zu unterscheiden, deren Stammform sie sind.
Ernte Wildapfelblüten werden im Mai/Juni gesammelt, die Früchte reifen im September/Oktober.
Verwertung Wildäpfel bleiben deutlich kleiner als Kulturäpfel. Sie duften aromatisch und sind saftig, schmecken aber selbst bei Vollreife sehr sauer. Am besten ist es, man kombiniert sie mit Tafeläpfeln und anderen süßeren Früchten. So können sie zu Marmelade, Gelee oder Saft verarbeitet werden. Die Blüten aromatisieren Süßspeisen.

Achtung Alte Wildapfelbäume auf Streuobstwiesen sollten geschont werden. Sie sind oft Lebensgrundlage seltener Tierarten.

Vogel-Kirsche

Wildkirsche, Waldkirsche, Hirschbeere

Prunus avium
Rosengewächse

Merkmale Sommergrüner Baum mit hoch gewölbter runder Kone, 15–20 m hoch. Rinde glatt, rotbraun, mit vielen quer verlaufenden Korkbändern. Blätter lang gestielt, wechselständig, länglich oval, zugespitzt, am Rand gesägt, oben kahl, unten auf den Adern behaart. Blüten stehen in Büscheln, weiß, mit bis zu 5 cm langen Stielen, erscheinen noch vor dem Laub. Kugelige, bei Reife dunkelrote Steinfrucht mit einem glatten, 8–10 mm großen Kern.
Blütezeit April bis Mai.
Fundorte Laubmischwälder, Waldränder, Gebüsche. Diese Wildform der Kultursüßkirsche ist in Deutschland noch weit verbreitet, tritt aber immer einzeln, nie in größeren Beständen auf.
Verwechslung Die glatte, rotbraune Rinde mit den vielen Korkporen, die den Stamm quer gebändert erscheinen lassen, machen Vogelkirschen unverwechselbar.
Ernte Die Kirschen im Juni und Juli.
Verwertung Die Früchte sind fleischärmer als Edelkirschen. Trotzdem ist es lohnenswert, sie zu pflücken. Ihr aromatischer Saft ist ein feiner Zusatz für Obstspeisen aller Art. Sie werden gern mit Berberitzen oder Ebereschen kombiniert, um deren Säure abzumildern.

Achtung Wildkirschen verderben schnell. Eine längere Lagerung vertragen sie nicht.

Schwarzer Holunder

Holunder, Maßholder, Flieder, Holler

Sambucus nigra
Geißblattgewächse

Merkmale Sommergrüner, reich verzweigter, 2–7 m hoher Strauch oder Baum mit überhängenden Zweigen. Blätter gegenständig, unpaarig gefiedert, bestehen meist aus 5 bis 7 lang zugespitzten Fiederblättchen. Weiße, duftende Blüten in flachen, doldenartigen Blütenständen an den Enden der Äste. Kugelige, bei Reife glänzend schwarze Steinfrüchte in hängenden Fruchtständen.
Blütezeit Juni bis Juli.
Fundorte Feuchte Laubwälder, Waldränder, Hecken, Gebüsche, Gärten.

Verwechslung Möglich und gefährlich mit dem giftigen Zwerg-Holunder (*Sambucus ebulus*). Der Unterschied: Der Zwergholunder riecht widerlich, seine Fruchtstände sind aufgerichtet und er bleibt kleiner als 2 m.
Ernte Die Blütendolden werden abgeschnitten, sobald sie voll aufgeblüht sind. Holunderbeeren reifen von August bis Oktober. Sie dürfen erst geerntet werden, wenn sie vollreif und schwarz gefärbt sind.
Verwertung Holunderblüten aromatisieren mit ihrem Duft Bowle, Limonade und Likör, außerdem Kuchen, Brot und Süßspeisen. Allgemein bekannt sind die in Pfannkuchenteig getauchten und knusprig ausgebackenen Hollerküchle. Ein Tee aus den getrockneten Blüten hilft gegen Erkältungen. Holunderbeeren dürfen nur gekocht gegessen werden. Verarbeitet zu Marmelade, Gelee, Saft, Wein, Likör und Essig sind auch sie eine Bereicherung für den Speisezettel.

Achtung Holunderbeeren dürfen nur voll ausgereift und auch dann nur gekocht gegessen werden. Denn sie enthalten ebenso wie Blätter und Blütenstiele das unverträgliche Sambucin, das beim Kochen zerstört wird.

Küchen-Tipp Holunderblüten scheinen kleine Insekten magisch anzuziehen. Um sie zu entfernen, taucht man die Blütendolden einfach in eine Schüssel mit Salzwasser, bewegt sie kurz hin und her und tupft sie anschließend auf Küchenpapier trocken. So behandelt können Holunderblüten frisch weiterverarbeitet werden. Aber man kann sie auch trocknen und für den Winter konservieren. Dazu werden sie auf einem großen, mit Papier ausgelegten Tablett ausgebreitet und an einen warmen, luftigen, aber schattigen Ort gestellt. Nach 2 Wochen kann man sie in gut verschließbare Gläser umfüllen und an einem kühlen, dunklen Ort aufbewahren. Auf ähnliche Weise lassen sich ebenfalls Holunderfrüchte trocknen und konservieren.

Holunderbrot schmeckt am besten noch warm.

Holunderbrot

6 große Holunderblütendolden, 500 g Mehl, 0,25 l Milch, 20 g Hefe, 50 g Butter, 100 g Zucker, 1 Prise Salz, etwas Zitronenschale
Außerdem: Puderzucker und Vanillezucker zum Bestreuen

1. Holunderblüten mit einer Schere von den derben Blütenstielen befreien, möglichst alles Grün entfernen.
2. Aus allen Zutaten inklusive der Blüten einen Hefeteig herstellen, diesen 1 h gehen lassen.
3. Nun den Teig noch einmal gut durchkneten, in eine gefettete Kastenform füllen und wieder etwa 30 min gehen lassen.
4. Bei 180 °C 35–40 min backen.
5. Aus der Form stürzen und mit einer Mischung aus Puder- und Vanillezucker bestäuben.

Holunder-Apfel-Streusel-Auflauf

350 g Holunderbeeren, 450 g Äpfel, 100 g Zucker, etwas Butter
Für die Streusel: 150 g Butter, 200 g Mehl, 150 g Rohrzucker, 1 Messerspitze fein gehackter Ingwer

1. Holunderbeeren vom Stiel pflücken, Äpfel schälen, vierteln, in schmale Streifen schneiden.
2. Die Früchte mischen, zuckern und in eine mit Butter gefettete Form geben.
3. Kalte Butter ins Mehl kneten, Zucker und Ingwer dazugeben, abbröseln.
4. Die Streusel auf die Früchte streuen und leicht andrücken. Bei 180 °C 30 min backen.

Stockschwämmchen

Laubholzschüppling, Stockschüppling

Kuehneromyces mutabilis
Träuschlingsartige

Merkmale Stiel bis 7 cm lang, kaum 1 cm dick, hohl, oben gelbbraun, mit deutlichem, ziemlich dauerhaftem Ring, unterhalb des Rings dunkelbraune Schuppen. Hut 3–6 cm breit, zunächst gewölbt, später flach ausgebreitet, glatt und fettig glänzend, bei feuchtem Wetter gelb- bis zimtbraun, bei Trockenheit honiggelb. Dünne, zunächst hellbraune, später rostbraune Lamellen. Fleisch riecht pilzartig würzig, schmeckt mild.

Fundorte Wächst in großen Büscheln an verrotteten Laubbaumstümpfen, und zwar vor allem an Buchen, aber auch selten an Nadelholz.

Verwechslung Mit dem giftigen Grünblättrigen Schwefelkopf (*Hypholoma fasciculare*) mit grünen Lamellen und oben blassgelbem und unten gelb- bis rotbraunem Stiel. Und mit dem tödlich giftigen Gift-Häubling (*Galerina marginata*) mit warzigen Sporen, aber ohne Schuppen unterhalb des Rings. Er riecht mehlartig und wächst sowohl an Nadel- als auch an Laubholz.

Ernte Ab Mai.

Verwertung Ausgezeichneter Speisepilz, der sich als Suppenpilz und als Würzpilz für Fleischgerichte gleich gut eignet. Lamellen und Huthaut können mitverwendet werden. Die Stiele sind zäh und unbrauchbar.

Achtung Nur mit Stiel sammeln, um Verwechslungen auszuschließen.

Maipilz

Georgiritterling, Hufpilz, Maiblattl, Mairitterling

Calocybe gambosa
Ritterlingsartige

Merkmale Frühsommerpilz, dessen Fleisch intensiv nach frischem Mehl riecht. Stiel 5–8 cm lang, bis 2 cm dick, weiß bis hell lederfarben. Hut 5–10 cm breit, am jungen Pilz gewölbt und mit eingerolltem Rand, später eher flach ausgebreitet. Lamellen weiß, stehen sehr eng. Sporenpulver weiß.
Fundorte Erscheint hauptsächlich im Mai an Laubwaldrändern, im Gebüsch und auf Wiesen. Wächst oft in Kreisen.
Verwechslung Ausgesprochen gefährlich ist eine Verwechslung mit dem hochgiftigen Ziegelroten Risspilz (*Inocybe erubescens*), der zur gleichen Zeit und in unmittelbarer Nähe des Maipilzes wachsen kann. Eindeutige Unterscheidungsmerkmale sind der fehlende Geruch nach Mehl, die charakteristische ziegelrote Verfärbung von Hut, Fleisch und Lamellen an Schnittstellen und Verletzungen sowie das dunkel- bis olivbraune Sporenpulver des Risspilzes.
Ernte Ab dem 23. April, dem Georgstag (Georgiritterling), bis in den Juni möglich.
Verwertung Ein geschätzter Speisepilz. Sein weißes, zartes Fleisch passt zu vielen Gerichten. Es behält auch nach dem Dünsten seine ansehnliche helle Farbe und gibt dem Essen ein angenehmes Aroma.

Achtung Nur allerfrischeste Pilze sammeln, da die Fruchtkörper oft schon am 2. Tag restlos vermadet sind.

Getränke

Holunderblütensirup

15 frisch aufgeblühte Holunderdolden, 1,5 kg Zucker, Schale einer Zitrone, 20 g Zitronensäure, 1,5 l Wasser

1. Holunderblüten aus den Dolden schneiden und dann in ein großes Einmachglas füllen.
2. Zucker, Zitronenschale und Zitronensäure darüber geben und mit Wasser auffüllen. Alle Blüten müssen von der Flüssigkeit bedeckt sein, sonst beginnen sie zu schimmeln.
3. In der Sonne 2 Tage ziehen lassen, dabei immer wieder umschütteln.
4. Abfiltern, dabei die Blüten gut auspressen und den Sirup in sterile Flaschen abfüllen.

Robinienbowle

4 Hand voll Robinienblüten, 2 unbehandelte Limetten, 6 EL Zucker, 1 l milder Weißwein, 0,5 l Sekt, Eiswürfel

1. Robinienblüten aus dem Blütenstand zupfen, Limetten in Scheiben schneiden und jede Scheibe mit einer Gabel zerdrücken.
2. Ansatz aus Robinienblüten, zerdrückten Limetten, Zucker und Wein 2 h ziehen lassen.
3. Limetten und Robinienblüten aus dem Ansatz filtern.
4. Mit Sekt auffüllen und mit Eiswürfeln servieren.

Lindenblütentee

5 bis 6 frische Lindenblüten (sie werden gepflückt, wenn sie sich gerade öffnen), Wasser, 1 Scheibe Zitrone, Honig

1. Lindenblüten in einer Tasse mit heißem, aber nicht kochendem Wasser übergießen.
2. 3–4 min ziehen lassen.
3. Abgießen.
4. Heiß oder kalt mit einer Scheibe Zitrone oder gesüßt mit Honig trinken.

Dieser Tee schmeckt erstaunlich sahnig.

Gundermannmilch

1 Tasse Milch, 2 Gundermannblätter, Honig

1. Milch erhitzen.
2. Gundermannblätter etwa 10 min darin ziehen lassen, dabei die Tasse abdecken.
3. Abseihen und nach Bedarf mit Honig süßen.

Heiß getrunken hilft diese Milch gut bei Erkältungen.

Holunderblütenquark

250 g Magerquark, etwas Milch, 2 Eidotter, 5 EL Holunderblütensirup, 125 ml süße Sahne, Erdbeeren oder andere frische Saisonfrüchte

1. Quark mit wenig Milch glatt rühren.
2. Eidotter und Holunderblütensirup unterrühren.
3. Sahne steif schlagen und unterheben.
4. Mit Erdbeeren oder anderen frischen Früchten der Saison servieren.

Apfelblüteneis

1 Hand voll Blütenblätter vom Wildapfel, 2 EL Grand Marnier, 1 Becher Schlagsahne, 40 g Puderzucker, 2 Eiweiß

1. Blütenblätter in leicht erwärmtem Grand Marnier 1 h ziehen lassen.
2. Schlagsahne mit dem Puderzucker steif schlagen.
3. Blütenblätter zusammen mit dem Grand Marnier einrühren.
4. Eiweiße zu steifem Schnee schlagen und vorsichtig unter die Blütensahne heben.
5. In der Eismaschine durchfrieren lassen.

Gebackenes

Hollerküchlein

Für den Pfannkuchenteig: 150 g Mehl, 125 ml Milch, 1 getrenntes Ei, 2 TL Zucker, 2 TL Backpulver, 1 Päckchen Vanillezucker, 2 EL Rum
Außerdem: 8 Holunderblütendolden, Öl zum Ausbacken, Zimtzucker

1. Aus den Teigzutaten einen dickflüssigen Pfannkuchenteig herstellen und 1 h quellen lassen.
2. Holunderblütendolden waschen und trocken tupfen.
3. Jede Blütendolde in den Teig tauchen und anschließend im heißen Öl schwimmend ausbacken.
4. Auf Küchenpapier abtropfen lassen, mit Zimtzucker bestreut servieren.

Genauso kann man auch Robinienblütenküchlein backen.

Lindentorte

Für den Biskuitteig: 3 Eier, 3–4 EL warmes Wasser, 150 g Zucker, 1 Päckchen Vanillezucker, 100 g Weizenmehl, 100 g Speisestärke, 3 TL Backpulver, 75 g Butter
Für den Belag: 2 Hand voll zarte Lindenblätter, 200 g Quark, 2 EL Honig, 40 g gemahlene Haselnüsse, 50 ml süße Sahne
Außerdem: frische Lindenblüten

1. Eier trennen.
2. 3 Eigelbe mit 3–4 EL warmem Wasser schaumig schlagen, nach und nach Zucker und Vanillezucker dazugeben und so lange weiter schlagen, bis eine cremige Masse entstanden ist.
3. Eiweiße zu steifem Schnee schlagen und unter die Eigelbcreme heben.
4. Mehl, Speisestärke und Backpulver mischen und vorsichtig unterziehen.
5. Butter schmelzen und dazugeben.
6. In eine gefettete Springform (26 cm Durchmesser) geben und bei 180 °C etwa 30 min backen.
7. Auskühlen lassen.
8. Lindenblätter waschen und fein schneiden. Dann mit Quark, Honig, Nüssen und Sahne mischen.
9. Den kalten Tortenboden einmal in der Mitte durchschneiden. Die Hälfte der Quarkmasse auf einer Tortenbodenhälfte verteilen.
10. Die 2. Tortenbodenhälfte darauf setzen und den Rest der Quarkmasse oben und an den Seiten verstreichen.
11. Eventuell mit einigen frischen Lindenblättern garnieren und kühl stellen.

Wildkräuterpizza

Für den Teig: 200 g Weizenmehl, 2 EL Öl, ½ Becher Schmand, 1 Messerspitze getrocknete Salbeiblätter, 1 Prise Salz
Für den Belag: 1 Hand voll Dost, 2 Hand voll Wiesenknöterichblätter, 4 Hand voll Gänsefußblätter, ½ Knoblauchzehe, 4 EL Olivenöl, Salz, Pfeffer, 2 Tomaten, Wasser, 100 g Mozzarella

1. Aus den genannten Zutaten einen Teig herstellen.
2. Teig auf einem gefetteten Backblech ausrollen, dabei einen kleinen Rand hochdrücken, mit der Gabel mehrmals einstechen und 10 min bei 180 °C vorbacken.
3. Wildkräuter fein hacken, Knoblauchzehe in dünne Scheiben schneiden, beides kurz in Olivenöl andünsten, salzen und pfeffern, auf dem Pizzateig verteilen.
4. Tomaten mit kochendem Wasser überbrühen, häuten, in Scheiben oder Streifen schneiden, darüber verteilen.
5. Mozzarella in Scheiben schneiden, darüber legen.
6. Im vorgeheizten Backofen bei 200 °C etwa 30 min backen.

Buchweizenpalatschinken mit Wildkräuterspinat

Für den Palatschinkenteig: 80 g Weizenmehl, 80 g Buchweizenmehl, 2 Eier, 0,3 l Milch, 1 Prise Salz
Für den Wildkräuterspinat: 400 g Natternkopfblätter, insgesamt 400 g Gänsefuß-, Guter Heinrich-, Brennnessel- und Gierschblätter, Salzwasser, 2 Schalotten, 2 EL Butter, 100 g milder Schafskäse, Salz, Pfeffer, Muskat

1. Die angegebenen Zutaten zu einem Palatschinkenteig verrühren, ein wenig ruhen lassen, dann dünne Palatschinken backen.
2. Wildkräuter waschen, in kochendem Salzwasser etwa 2 min blanchieren, abtropfen lassen und dann relativ grob zerschneiden.
3. Fein gehackte Schalotten in Butter glasig dünsten, geschnittenen Spinat und gewürfelten Schafskäse dazugeben, mit Salz, Pfeffer und Muskat würzen.
4. Palatschinken auf einem Teller anrichten, auf einer Hälfte den Wildkräuterspinat verteilen und zuklappen.

Wer mag, der isst dazu einen milden Blattsalat.

Deftiges

Stockschwämmchensuppe

2 Schalotten, 300 g Stockschwämmchenhüte, 1 EL Butter, 1 EL Gries, 1 l Gemüsebrühe, etwas süße Sahne, Salz, Pfeffer, 2 Stängel Petersilie

1. Schalotten fein hacken, Pilzhüte klein schneiden, beides in Butter dünsten.
2. Gries darüber streuen und unter Umrühren kurz anbräunen.
3. Mit Gemüsebrühe aufgießen, etwa 15 min köcheln lassen.
4. Mit Sahne, Salz und Pfeffer abschmecken und mit gehackter Petersilie bestreuen.

Wiesensuppe

1 Hand voll Wiesenknopfblätter, je nach Geschmack einige Gundermann-, Sauerampfer- und Schafgarbenblätter, 1 l Gemüsebrühe, 30 g Weizenmehl, 4 EL süße Sahne, 1 Eigelb

1. Kräuter waschen und sehr fein hacken.
2. Gemüsebrühe erhitzen, die Kräuter dazugeben und 10 min köcheln lassen.
3. Mehl mit Sahne verquirlen und mit dem Schneebesen in die Suppe rühren, noch einmal kurz aufkochen, vom Herd nehmen.
4. Eigelb mit etwas Suppenflüssigkeit verquirlen und unter die fertige Suppe rühren.

Hirschmedaillons mit Stockschwämmchen

Pro Person
2 Hirschmedaillons, Butter, Salz, 0,25 l Rotwein, 100 g Stockschwämmchenköpfe, 100 ml süße Sahne, Salz, Pfeffer, Majoran, Thymian

1. Hirschmedaillons bei mittlerer Hitze 5–7 min in Butter braten. Das gebratene Fleisch soll rosa, aber nicht mehr blutig sein.
2. Warm stellen, leicht salzen.
3. Den Bratensatz mit Rotwein aufgießen und etwas einkochen.
4. Stockschwämmchenköpfe in Butter anbräunen, Bratenfond und Sahne dazugeben, 10 min köcheln lassen.
5. Die fertige Soße mit Salz, Pfeffer, Majoran und Thymian abschmecken und zusammen mit den gebratenen Hirschmedaillons servieren.

Spitzwegerichsalat

Für 2 Portionen
200 g Spitzwegerichblätter, Salzwasser
Für die Marinade: 2 EL Öl, 1 EL Zitronensaft, ½ gepresste Knoblauchzehe, Kräutersalz, Pfeffer

1. Spitzwegerichblätter für etwa 15 min in lauwarmes Salzwasser legen.
2. Abtropfen lassen, nach Belieben in Streifen schneiden oder ganz verarbeiten.
3. Mit der Marinade aus den angegebenen Zutaten gut vermischen.

Grüne Kartoffelküchlein

500 g Kartoffeln, 200 g fein gehackte Wildkräuter (Spitzwegerich, Gundermann, Löwenzahn und Dost), 1 Ei, Salz, etwas Mehl, Öl

1. Kartoffeln schälen, weich kochen, durch die Kartoffelpresse drücken.
2. Kartoffelmasse mit Kräutern, Ei, Salz und etwas Mehl zu einem Teig verkneten.
3. Flache, ovale Küchlein formen und in heißem Öl auf beiden Seiten goldbraun backen.

Schafgarbensalz

1 Sträußchen Schafgarbe, 5 EL Meersalz

1. Schafgarbensträußchen zusammenbinden und etwa 2 Wochen an einem warmen, luftigen Ort trocknen.
2. Blätter und Blütchen abrebeln.
3. Mit dem Meersalz in einem Mixer zerkleinern und gut vermischen.
4. In aromadichte Gläser füllen und trocken aufbewahren.

Salbeihonig

1 unbehandelte Zitrone, 1 unbehandelte Orange, 10 frische Salbeiblätter, 500 g Honig, 50 ml Orangenlikör, 1 Zimtstange, 5 Gewürznelken

1. Zitrone und Orange auspressen, Schale jeweils abreiben.
2. Salbeiblätter fein hacken.
3. Honig leicht erwärmen und alle Zutaten unterrühren.
4. In ein Glas umfüllen und vor Gebrauch immer mal wieder umrühren.

Eine appetitanregende Salatwürze

Heiß brennt die Mittagssonne auf die fast reife Gerste. Ein angenehm süßer Duft nach Kamille liegt über dem Feldrain. Am Trockenhang kommen die ätherischen Öle des Feldthymians dazu. Und am Bach erfüllen Wasserminzen die Luft mit Wolken aus kühlem Menthol. Auch die Wälder bieten wunderbare Geschmackserlebnisse. Himbeeren, Walderdbeeren und die intensiven Preiselbeeren sind Schmankerl für die Naturküche. Und nicht nur sie. Zwischen Laub- und Nadelbäumen haben die Pilze ihren ersten großen Auftritt. Goldröhrlinge und Riesenschirmpilze warten nur darauf, entdeckt zu werden.

Gewöhnliche Wald-Engelwurz

Waldrohr, Brustwurz, Heiligengeistwurzel

Angelica sylvestris
Doldenblütler

Merkmale Eine der größten heimischen Stauden, wird bis zu 2 m hoch. Stängel kahl, rund, hohl und fein gerillt. Sehr große Blätter, 2- bis 3fach gefiedert, am Rand ungleichmäßig gesägt. Blattscheiden blasig aufgetrieben. Große Blütendolden aus 20 bis 40 Strahlen, Einzelblüten weiß oder rosa.
Blütezeit Juli bis September.
Fundorte Nasse Wiesen, Auwälder.
Verwechslung Es gibt eine Reihe weiterer essbarer Doldenblütler mit weißen Blüten und breiten Blattabschnitten. Am ähnlichsten sind der Wiesen-Bärenklau (*Heracleum sphondylium*) und der Giersch (*Aegopodium podagraria*). Der Wiesenbärenklau ist borstig behaart, Waldengelwurz und Giersch sind unbehaart. Auch hat Giersch nur 3-teilige Blätter. Betrachtet man die giftigen Doldenblütler mit breiten Blattabschnitten, so ist eine Verwechslung mit dem Hecken-Kälberkropf (*Chaerophyllum temulum*) denkbar. Doch der hat einen rot gefleckten Stängel.
Ernte Blätter und Blattstängel von Mai bis August. Die Blüten von Juli bis September.
Verwertung Junge Blattstängel für Salate. Die Blätter fein gehackt als Gewürz. Die Blüten zum Aromatisieren von Süßspeisen.

Achtung Der Pflanzensaft kann bei sensiblen Personen die UV-Empfindlichkeit der Haut steigern.

Wiesen-Bärenklau

Bärenkraut, Bärenkümmel, Sensenteufel

Heracleum sphondylium
Doldenblütler

Merkmale Kräftige, borstig behaarte, ausdauernde Pflanze, 30–150 cm hoch. Stängel hohl, kantig, gefurcht. Blätter bis zu 50 cm lang, tief gelappt, am Rand gezähnt. Blattscheiden blasig aufgetrieben. Blütendolde aus 15 bis 30 Strahlen, die äußeren Blüten mit deutlich größeren Kronblättern als die inneren.
Blütezeit Juni bis September.
Fundorte Wiesen, Weg- und Straßenränder.
Verwechslung Ähnlich ist die ebenfalls essbare, aber unbehaarte Gewöhnliche Wald-Engelwurz (*Angelica sylvestris*).

Ernte Die Blätter von März bis September, die Blattstängel von April bis Juni, die Blütenknospen vor der Blüte, die Früchte von Juli bis Oktober.
Verwertung Eine unserer besten Wildpflanzen. Die jungen Blättchen geben fein gehackt Salaten ein angenehm süßliches Aroma. Ältere Blätter sollte man besser kochen oder zu Gratins verarbeiten. Ein Erlebnis ist das Bärenklau-Kartoffel-Gratin. Aber auch in Pfannkuchenteig getaucht und in Öl ausgebacken sind sie ein Genuss. Die Blütenknospen schmecken in Salzwasser gekocht und mit zerlassener Butter beträufelt. Die reifen Früchte würzen mit ihrem ausgeprägten Geschmack Getreide- und Kartoffelgerichte.

Achtung Der Saft des Wiesenbärenklaus kann bei empfindlichen Menschen Hautreizungen hervorrufen.

Echte Kamille

Kamelle, Johanniskopfchen, Teeblom, Mägdeblume

Matricaria recutita
Korbblütler

Merkmale Aromatisch duftende, einjährige Pflanze. Stängel 15–50 cm hoch. Blätter wechselständig, tief geteilt in viele schmale Abschnitte. Blütenköpfchen aus weißen Zungen- und gelben Röhrenblüten. Die Zungenblüten sind gegen Ende der Blütezeit nach unten umgebogen und liegen dem Stängel an. Sicherstes Erkennungsmerkmal der Pflanze ist der kegelförmige, hohle Blütenboden.

Blütezeit Mai bis August, Hauptblüte Juni und Juli.

Fundorte Bildet an den Rändern von Getreidefeldern große Bestände. Wächst aber auch an Weg- und Straßenrändern, auf Brachland.

Verwechslung Ähnlich im Aussehen sind die Geruchlose Kamille (*Tripleurospermum perforatum*) und die Acker-Hundskamille (*Anthemis arvensis*). Der wesentliche Unterschied: Bei der Echten Kamille ist der Blütenboden kegelförmig und hohl, bei den anderen halbkugelig und gefüllt. Außerdem verströmen beide keinen typischen Kamillenduft, wenn man die Blüten zwischen den Fingern zerreibt.

Ernte Man erntet Kamille ab Ende Mai, wenn die Blüte beginnt. Gepflückt werden nur die geöffneten, voll entwickelten Blütenköpfchen, deren Zungenblüten bereits nach unten umgeklappt sind.

Verwertung In Teemischungen, zum Aromatisieren von Limonaden, Wein, Salaten und Süßspeisen.

Achtung Kamillenblüten bewahren ihr Aroma über Monate, wenn sie an einem luftigen, warmen und schattigen Platz dünn geschichtet getrocknet werden.

Küchen-Tipp Der Ruf der Kamille als Heilpflanze ist unübertroffen. Ihre Inhaltsstoffe wirken entzündungshemmend, krampfstillend und beruhigend. Schon vor Jahrtausenden tranken Menschen bei Magenbeschwerden einen Tee aus ihren frischen und getrockneten Blüten. Und auch heute gehört Kamillentee neben Pfefferminztee zu den am meisten getrunkenen Wildpflanzentees. Kräuterteekenner trinken ihn am liebsten ungesüßt, aber wir finden, ein wenig Honig unterstreicht den Geschmack. Was viele nicht vermuten: Kamillenblüten sind in der Küche vielseitig einsetzbar. Sie verleihen Wein und Limonade ein charakteristisches, zartes Aroma und eignen sich bestens als Zutat für Salate und Süßspeisen. Und Kamillensirup, hergestellt aus Kamillenblüten, Wodka, Wasser und Zucker, nimmt man zum Süßen von Tee oder als Aperitif.

Kamillenwein besticht durch sein zartes Aroma.

Kamillenwein

1 Hand voll Kamillenblüten, 1 l guter, milder Weißwein, Sommerfrüchte wie Erdbeeren oder Melonen

1. Kamillenblüten in Wein gut 1 h ziehen lassen.
2. Walderdbeeren oder Bällchen von Zucker- und Honigmelone dazugeben und gut gekühlt genießen.

Kamillensirup

250 g Kamillenblüten, 125 ml Wodka, 0,5 l Wasser, 750 g Zucker

1. Kamillenblüten im Mörser zerquetschen, in ein Schraubglas füllen, mit Wodka und Wasser übergießen.
2. Diesen Ansatz 2 Tage in die Sonne stellen. In dieser Zeit nach und nach den Zucker dazugeben und immer wieder schütteln.
3. Den Ansatz abseihen, die Blütenreste gut ausdrücken und den Sud unter ständigem Rühren kurz aufkochen.
4. In eine dunkle Flasche abfüllen und kühl lagern.

Der klassische Kamillentee

Pro Tasse 1 bis 1,5 TL getrocknete Kamillenblüten (etwa so viel, wie man zwischen Daumen, Zeigefinger und Mittelfinger fassen kann), kochendes Wasser, eventuell Honig zum Süßen

1. Tasse mit heißem Wasser ausspülen.
2. Kamillenblüten mit kochendem Wasser aufgießen.
3. Zugedeckt etwa 10 min ziehen lassen, dann abseihen.

Echter Pastinak

Pasternakel, Weiße Möhre, Pferdewurzel

Pastinacia sativa
Doldenblütler

Merkmale Zweijährige Pflanze, 30–100 cm hoch. Stängel behaart, kantig, gefurcht. Blätter wechselständig, 1fach gefiedert, Teilblättchen eiförmig, ungleichmäßig gesägt. Blütendolde aus 5 bis 20 Strahlen. Früchte linsenförmig, gelbbraun.
Blütezeit Juli bis September.
Fundorte Wiesen, Weg- und Straßenränder.
Verwechslung Mit der Gewöhnlichen Wald-Engelwurz (*Angelica sylvestris*) oder dem Wiesen-Bärenklau (*Heracleum sphondylium*) denkbar. Aber die Waldengelwurz hat 2- bis 3fach gefiederte Blätter und weiße Blüten, der Wiesenbärenklau tief gelappte Blätter und ebenfalls weiße Blüten.
Ernte Essbar sind Blätter und Sprosse, Früchte und Wurzeln. Von April bis Juli erntet man Blätter und Sprosse, ab August die Früchte und vom Herbst bis in den Winter die Wurzeln.
Verwertung Blätter und Sprosse eignen sich zur Herstellung von Kräuterbutter und als Beigabe in Salaten, Suppen und Gemüsen. Besonders gut passen sie zu Erbsen, Möhren oder Linsen. Pastinakenfrüchte werden als Gewürz, ähnlich wie Kümmel, eingesetzt. Pastinakenwurzeln – nur die der einjährigen Pflanzen schmecken – waren früher ein häufig gegessenes Gemüse. Sie gerieten erst durch den Möhrenanbau in Vergessenheit.

Achtung Der Pflanzensaft kann Hautreizungen hervorrufen.

Gewöhnlicher Beifuß

Jungfernkraut, Besenkraut, Gänsekraut, Krähenfuß

Artemisia vulgaris
Korbblütler

Merkmale Mehrjährige Pflanze mit würzigem Duft. Stängel 30–150 cm hoch, kantig und rot überlaufen. Blätter oben dunkelgrün, kahl, an der Unterseite weißfilzig. Viele kleine, braungelbe Blütenköpfchen.
Blütezeit Juli bis Oktober.
Fundorte Weg- und Straßenränder.
Verwechslung Mit Wermut (*Artemisia absinthium*) und einigen Greiskrautarten (*Senecio* ssp.), die am gleichen Standort wachsen. Eindeutiges Identifikationsmerkmal für den Beifuß ist sein roter Stängel.

Ernte Die beste Erntezeit ist Anfang August. Geschnitten werden die obersten Triebspitzen mit den Blütenköpfen in etwa 10 cm Länge. Sie können frisch oder getrocknet verarbeitet werden. Beifuß gehört zu den Gewürzen, die frisch ebenso gut schmecken wie getrocknet.
Verwertung Lediglich als Gewürz. Enten-, Gänse-, Lamm- und Schweinebraten werden mit einem Sträußchen Beifuß delikat und bekömmlich. Das ist allgemein bekannt. Weniger bekannt sind seine weiteren Einsatzmöglichkeiten: Fein gerieben bereichert Beifuß Schmalzbrote. Und in Verbindung mit Wasser, Honig und Spätsommerfrüchten ergibt er ein erfrischendes Getränk.

Achtung Beifuß muss sehr sparsam dosiert werden. Sonst macht er Speisen und Getränke bitter.

Kohl-Kratzdistel

Kohldistel, Pferdedistel, Gemüsedistel, Rohrdistel

Cirsium oleraceum
Korbblütler

Merkmale Eine der wenigen gelb blühenden Disteln. Ausdauernd. Stängel 30–150 cm hoch, unverzweigt, hohl, gefurcht. Blätter unregelmäßig eingeschnitten, an den Rändern mit weichen Stacheln besetzt. Blütenköpfchen hellgelb, aufrecht, sitzen zu 2 bis 6 dicht gedrängt an der Spitze des Stängels, sind von großen, hellen, kohlblattähnlichen Hochblättern umgeben.
Blütezeit Juni bis September.
Fundorte Feuchte Wiesen, Bach- und Seeufer, Gräben, Sümpfe, helle Auwälder.
Verwechslung Höchstens mit der seltenen Klebrigen Kratzdistel (*Cirsium erisithales*) möglich. Doch deren Blütenköpfchen stehen nicht aufrecht, sondern hängen. Alle anderen Arten der Gattung *Cirsium* tragen viele harte Stacheln. Niemand käme auf die Idee, sie zu ernten. Doch prinzipiell sind alle in unseren Breiten vorkommenden Disteln essbar.
Ernte Die Blätter von April bis September, die Blütenköpfchen von Juni bis September, die Wurzeln von Oktober bis April. Am besten erntet man sie am Ende des 1. bzw. zu Beginn des 2. Lebensjahrs der Pflanze. Danach werden sie holzig und unbrauchbar.
Verwertung Einzeln oder mit anderen Wildpflanzen können die großen Blätter der Kohlkratzdistel zu Salaten, Suppen, Gemüsegerichten und Aufläufen verarbeitet werden. Die Blütenköpfe sind die Grundlage für einen mildbitteren, würzigen, wohlschmeckenden Magenlikör.

Achtung In Streifen geschnitten und blanchiert kann man Distelblätter problemlos einfrieren und zu einem späteren Zeitpunkt weiterverarbeiten.

Küchen-Tipp Die Kohlkratzdistel war in Osteuropa schon immer eine bedeutende Gemüsepflanze und wird heutzutage in Japan sogar angebaut. In Mitteleuropa aß man sie dagegen nur gelegentlich in Notzeiten. Bis die Wildkräuterküche ihren angenehmen Geschmack entdeckte und sie zu ihrer Königin machte. Der Wohlgeschmack dieser Distel wird von kaum einem anderen Wild- oder Kulturgemüse erreicht. Ein besonderer Genuss sind die Böden der Blütenköpfchen, die wie Artischocken zubereitet werden. Doch auch die Blätter haben viel zu bieten. Sehr jung und roh schmecken sie angenehm zart und mild in Salaten. Und etwas älter sind sie gekocht als Wildspinat, aber auch in Aufläufen und Soufflés ein geschmackliches Erlebnis. Die Wurzeln sind, solange sie noch jung sind, sehr zart. Sie werden roh und fein gehackt in Salate gemischt oder gekocht gegessen. Eine beliebte Zubereitungsart ist auch das Ausbacken in Bierteig.

Distelauflauf – ein kulinarisches Erlebnis

Distelauflauf

Für 4 bis 6 Portionen
10 große Distelblätter, Salzwasser, Eiswasser, 2 Brötchen, etwa 0,25 l Milch, 1 Zwiebel, 1 rote und 1 gelbe Paprikaschote, Olivenöl, 500 g Putenhackfleisch, 1 Ei, Salz, Pfeffer, frischer, gehackter Dost, Butter für die Form, 100 g geriebener Gouda

1. Distelblätter in Salzwasser bissfest kochen, abgießen, mit Eiswasser abspülen und abtropfen lassen.
2. Brötchen in Streifen schneiden, mit Milch übergießen, etwa 10 min ziehen lassen.
3. Zwiebel und Paprika in Würfel schneiden, in Olivenöl andünsten.
4. Hackfleisch, Ei, ausgedrückte Brötchen, Zwiebel-Paprika-Mischung, Salz, Pfeffer und Dost zu einem Teig vermischen und kurz ziehen lassen.
5. Auflaufform (24 cm Durchmesser) fetten, mit der Hälfte der Distelblätter auslegen. Darüber die Hälfte der Hackfleischmasse verteilen. Diese Schicht mit dem Rest der Kohlblätter abdecken und die restliche Hackfleischmasse darüber streichen. Das Ganze dicht mit Gouda bestreuen und mit ein paar Butterflöckchen belegen.
6. Im Backofen bei 180 °C etwa 1 h backen. Eventuell nach der Hälfte der Backzeit mit Alufolie abdecken.

Eine gesunde und delikate Köstlichkeit zu Petersilienkartoffeln, aber auch allein

Echter Steinklee

Mutter-Gottes-Krönchen, Hummelklee, Mottenkraut, Tabaksklee

Melilotus officinalis
Schmetterlingsblütler

Merkmale Zweijährige Pflanze, die getrocknet intensiv nach Waldmeister duftet. Stängel 30–100 cm hoch, hohl, gerippt, kahl. Blätter kleeartig 3-zählig gefiedert, am Rand unregelmäßig gezähnt. Blüten gelb, in langen, gestielten, ährenartigen Blütenständen. Frucht eine braune, nur 3–4 mm lange, hängende, kahle Hülse.
Blütezeit Juni bis August.
Fundorte Bevorzugt sonnige Standorte. In ganz Europa häufig an Wegen und Bahndämmen, auf Schuttplätzen, in Kiesgruben und Steinbrüchen. Von der Ebene bis in 2500 m Höhe.
Verwechslung Sehr ähnlich, aber weiß blühend ist der verwandte Weiße Steinklee (*Melilotus albus*). Auch diese Pflanze duftet wegen ihres Cumaringehalts getrocknet nach Waldmeister. Sie ist genauso verwendbar.
Ernte Die blühende Pflanze von Juni bis August.
Verwertung Der Echte Steinklee enthält Melilotin, das beim Trocknen Cumarin freisetzt. Getrocknete Blüten und Blätter würzen Süßspeisen, Limonaden, aber auch Käse und Quark und sogar Wild und Fisch.

Achtung Steinklee nur in Maßen verwenden, da Cumarin bei zu reichlichem Genuss Kopfschmerzen verursachen kann.

Wilde Malve

Rosspappel, Hasenkäse Käsepappel, Käslikraut

Malva sylvestris
Malvengewächse

Merkmale Ausdauernd. Stängel niederliegend oder bogig aufsteigend, selten aufrecht, 50–150 cm lang. Blätter wechselständig, lang gestielt, herz- oder nierenförmig, am Rand gezähnt. Blüten stehen zu 2 bis 6 büschelig in den Blattachseln, rosaviolett oder purpurrot, mit Längsstreifen, die sich an der Spitze gabeln. Früchte scheibenförmig.
Blütezeit Mai bis September.
Fundorte Heckensäume, stillgelegte Felder, Wegränder, Mauern und Zäune. Braucht stickstoffreiche Böden in warmer Lage.

Verwechslung Ungefährlich, da alle Malvengewächse essbar sind. Aber denkbar vor allem mit der Weg-Malve (*Malva neglecta*) und der Kleinblütigen Malve (*Malva pusilla*). Beide besitzen jedoch rundliche Blätter und helle, fast weiße Blüten.
Ernte Blätter von April bis Oktober. Blüten und junge Früchte von Mai bis September.
Verwertung Junge Blätter als vitaminreiche Salatbeigabe. Ältere Blätter gekocht in Kombination mit anderen Wildpflanzen. Die Blüten sind, frisch oder getrocknet, Bestandteil vieler Tees und färben Limonade zartrosa. Die Früchte schmecken in mildem Essig eingelegt als Beigabe zu Fleisch oder als Kapernersatz in Soßen.

Achtung Blätter, die auf der Unterseite von Brandpilzen gesprenkelt sind, sollte man nicht verwenden.

Rot-Klee

Kopfklee, Wiesenklee, Honigblume, Zuckerbrot

Trifolium pratense ssp. *pratense*
Schmetterlingsblütler

Merkmale Ausdauernde Pflanze, 15–40 cm hoch. Stängel kantig, behaart. Blätter wechselständig, 3-zählig gefiedert, oft mit einem hellen v-förmigen Band. Duftende, rote, kugelige Blütenköpfe. Einsamige Hülsenfrucht.
Blütezeit Juni bis September.
Fundorte Wächst überall auf Fettwiesen und Weiden.
Verwechslung Vor der Blüte mit anderen Kleearten, vor allem mit dem später weiß blühenden Weiß-Klee (*Trifolium repens*). Aber auch mit dem Wald-Sauerklee (*Oxalis acetosella*), der ähnliche Blätter hat, dessen Blüten aber völlig anders aussehen. Jede Verwechslung ist unproblematisch, da auch diese Pflanzen essbar sind. Sauerklee sollte man allerdings nur in Maßen genießen.
Ernte Die eiweißreichen Blätter während der gesamten Vegetationsperiode, die nektarreichen Blüten während der Blütezeit.
Verwertung Junge Blätter und Blüten schmecken in Salaten und Gemüsegerichten. Aus den getrockneten Blütenköpfchen kann man einen aromatischen Tee zubereiten. Dazu übergießt man 4 bis 6 Blütenköpfe mit 0,25 l Wasser und lässt das Ganze etwa 15 min ziehen.

Achtung Die nektarreichen Blütenstände entwickeln um die Mittagszeit für ihre Bienenbesucher besonders viel Nektar und schmecken dann intensiver.

Feld-Thymian

Quendel, Hummelskraut, Wildes Pfefferkraut

Thymus pulegioides ssp. *pulegioides*
Lippenblütler

Merkmale Ausdauernde, kleine Pflanze mit intensiv aromatischem Duft. Stängel 5–20 cm lang, scharf 4-kantig, kriecht über den Boden. Blätter gestielt, oval bis rund. Blüten klein, zartrosa, in zylindrischen Köpfchen.
Blütezeit Juni bis September.
Fundorte Trockene, sonnige Wiesen, Wegränder, Böschungen.
Verwechslung Mit anderen, genauso nutzbaren Thymianarten wie z. B. dem Sand-Thymian (*Thymus serpyllum*) denkbar. Dieser besitzt jedoch einen kaum kantigen Stängel und lang gestreckte, sitzende Blätter. Eine sichere Unterscheidung ist für den botanischen Laien schwierig, da es von beiden Arten jeweils mehrere ähnliche Unterarten gibt.
Ernte Stängel, Blätter und Blütenstände von Juni bis September, am besten bei Sonnenschein, wenn die Blüten voll entfaltet sind. Man erntet mit einer Schere.
Verwertung Frisch oder getrocknet als vielseitiges Gewürz zu Schweinebraten, Eintöpfen, Soßen oder Pizzen. Blütenaroma und heilkräftige Inhaltsstoffe lassen sich über Monate bewahren, wenn man Thymian in Essig oder Öl einlegt oder zu Blütenzucker verarbeitet.

Achtung Diese kriechende Pflanze ist oft in der Vegetation versteckt. Doch ihr intensiver Duft verrät sie schon von weitem.

Wasser-Minze

Wasserbalsam, Krötenbalsam, Fliegenkraut, Kusskraut

Mentha aquatica
Lippenblütler

Merkmale Ausdauernde Pflanze mit unverwechselbarem Minzgeruch, die sich von den übrigen Minzen vor allem durch ihren kugeligen Blütenstand an der Stängelspitze unterscheidet. Stängel kantig, rötlich überlaufen, abstehend behaart, 20–50 cm hoch. Blätter bis zu 8 cm lang, eiförmig, kurz gestielt und am Rand deutlich gezähnt. Kleine, rote Blüten in kugeligen Blütenständen, die unteren in den Achseln der Blätter, die oberen an den Stängelspitzen.
Blütezeit Juli bis September.
Fundorte Wächst bestandsbildend an den Ufern stehender oder langsam fließender Gewässer, in Sümpfen und Röhrichten.
Verwechslung Minzen sind ein Kapitel für sich. Viele der mitteleuropäischen Arten bilden miteinander Bastarde und sind nur schwer zu unterscheiden. Das gilt auch für die Wasserminze und die ähnliche, giftige Polei-Minze (*Mentha pulegium*). Für den Laien gibt es kein 100%iges Identifikationsmerkmal. Doch grundsätzlich kann man sagen: Poleiminzen wachsen selten aufrecht, sie sind unbehaart und haben zumeist praktisch ganzrandige Blätter.
Ernte Von April bis September kann man die Blätter pflücken. Ihr Aroma ist während der Blüte am kräftigsten.
Verwertung Frisch in kleinen Mengen als Würze zu Soßen, Suppen, Salaten, Süßspeisen und Getränken. Getrocknet in Teemischungen.

Achtung Die Blätter der Wasserminze sind gelegentlich von Pilzen befallen oder mit Insekteneiern behaftet. Diese Blätter werden aussortiert.

Küchen-Tipp Minzen haben als Teegetränk den größten Bekanntheitsgrad. Doch auch sonst sind sie ein Gewinn. So machen sich frische, fein gehackte Minzblättchen ausgezeichnet in Schokoladeneis. Genauso gut passen sie in sommerliche Salate, Quarkspeisen, Fischsuppen und Fleischsoßen. Fast schon legendär zu Lammbraten ist die englische Minzsoße, gekocht aus klein geschnittenen Minzblättern, Essig und Zuckerwasser. Nicht jedermanns Sache ist ein Magenbitter nach einem alten englischen Rezept. Dazu füllt man eine Hand voll Minzblättchen und je einen Teelöffel zerriebene Anis-, Koriander-, Fenchel- und Kümmelsamen in ein Glasgefäß, übergießt das Ganze mit einer Flasche Weinbrand und lässt es bis zum nächsten Morgen durchziehen. Dann wird abgefiltert. Angeblich vertreibt dieses Getränk jede Magenverstimmung. Wir haben es nicht probiert.

Minzkartoffeln schmecken ungewöhnlich und gut.

Apfel-Minz-Kuchen

Für den Mürbteig: 300 g Mehl, 150 g Butter, 100 g Zucker, 1 Ei, 1 Prise Salz, 1 Eigelb
Für den Belag: 750 g Äpfel, 4 EL Zucker, 1 Päckchen Vanillezucker, 125 ml Wasser, 125 ml Weißwein, 2 EL fein gehackte Wasserminze
Außerdem: Butter für die Springform

1. Aus den Zutaten einen Mürbteig herstellen, in Alufolie wickeln und 30 min im Kühlschrank ruhen lassen.
2. Äpfel schälen, achteln, zusammen mit Zucker, Vanillezucker, Wasser und Weißwein weich kochen. Dabei muss die Flüssigkeit komplett verdunsten.
3. Apfelmasse vom Herd nehmen, die Wasserminze einrühren, auskühlen lassen.
4. Die Hälfte des Teigs ausrollen, eine gefettete Springform damit auslegen.
5. Apfelmasse einfüllen.
6. Aus dem restlichen Teig mit einem Kuchenrädchen Streifen schneiden, den Kuchen damit gitterartig belegen.
7. Streifengitter mit Eigelb bestreichen.
8. Im vorgeheizten Backofen bei etwa 180 °C 30–40 min goldbraun backen.

Minzkartoffeln

1 kg kleine neue Kartoffeln, Salzwasser, 1 Bund Wasserminze, Butter, Salz, Pfeffer

1. Kartoffeln in der Schale weich kochen, abgießen, ausdampfen lassen.
2. Kartoffeln schälen, Minze hacken.
3. In einer Pfanne Butter schmelzen, Kartoffeln darin schwenken, salzen und pfeffern.
4. Minze darüber streuen, vorsichtig unterheben und kurz durchziehen lassen.

Gewöhnliche Wegwarte

Sonnenkraut, Verfluchte Jungfer, Eisenkraut, Wegwächter

Cichorium intybus var. *intybus*
Korbblütler

Merkmale Staude, 30–150 cm hoch. Stängel steif, kantig. Blätter im unteren Stängelbereich in 3-eckige Lappen geteilt, oben ungeteilt und stängelumfassend. Hellblaue Blüten, stehen zu 2 oder 3 in den oberen Blattachseln und an den Zweigenden.
Blütezeit Juli bis September.
Fundorte Weg- und Straßenränder, Äcker.
Verwechslung Betrachtet man nur die Blüten, so ist eine Verwechslung mit dem Blauen Lattich (*Lactuca perennis*) möglich. Doch ein Blick auf die Blätter zeigt den Unterschied: Wegwartenblätter haben wenige Zähne, Lattichblätter dagegen sehr viele spitze und tief eingebuchtete Zähne.
Ernte Die Wegwarte gilt seit der Antike als vitamin- und mineralstoffreiches Gemüse und Heilmittel. Blätter und Wurzeln sind essbar. Geerntet werden die jungen Blätter vor der Blüte, die Wurzel ab August.
Verwertung Die jungen Blätter sind im Salat, gedünstet als Gemüse und gehackt auf Butterbrot unübertroffen. Leider werden sie mit zunehmendem Alter sehr schnell sehr bitter. Ein aus der Wurzel zubereiteter Tee hilft bei Magen-, Gallen- und Leberbeschwerden.

Achtung Der Tee aus der Wegwartenwurzel wirkt leicht abführend. Man sollte daher nicht mehr als 2 Tassen am Tag trinken.

Gewöhnliche Braunelle

Brunelle, Braunerle, Halskraut, Antoniuskraut

Prunella vulgaris
Lippenblütler

Merkmale Ausdauernd. Stängel kriechend, nur die Blütentriebe richten sich 10–25 cm auf. Blätter elliptisch, gestielt, ganzrandig. Blauviolette Blüten mit 3-lappiger Unterlippe, jeweils am Ende des Stängels in einem ährenartigen Blütenstand.
Blütezeit Juni bis September.
Fundorte Wiesen, Waldlichtungen, Heckensäume, Wegränder.
Verwechslung Gelegentlich wird die Pflanze mit der etwas größeren und kräftigeren Großblütigen Braunelle (*Prunella grandiflora*) verwechselt. Ähnlich sind auch Gundermann (*Glechoma hederacea*, jedoch mit herzförmigen Blättern) und Kriechender Günsel (*Ajuga reptans*, mit sitzenden, eiförmigen Blättern und glänzender Blattoberseite). All diese Pflanzen sind essbar.
Ernte Junge Triebe, Blätter und Blüten von Juni bis September.
Verwertung Die Kleine Braunelle verfeinert mit ihrem frisch-würzigen Aroma Salate und Soßen. Auch als Bestandteil von Kräuterbutter und Kräuteressig eignet sie sich hervorragend. Ein Tee aus den Blütenköpfchen hilft bei Magenverstimmungen ähnlich wie Kamillentee.

Achtung Diese Pflanze sparsam verwenden. Zu reichlich im Salat stören ihre Bitterstoffe andere Aromen.

Gewöhnliche Felsenbirne

Edelweißbaum, Rosinenstrauch, Junibeere

Amelanchier ovalis
Rosengewächse

Merkmale Reich verzweigter Strauch, 1–3 m hoch. Blätter wechselständig, 2–4 cm lang, eiförmig, am Rand fein gezähnt, an der Oberseite dunkelgrün und kahl, unten filzig behaart. Blüten weiß, erscheinen schon vor dem Laubaustrieb. Reife Frucht eine erbsengroße schwarze Beere, blau bereift, trägt an der Spitze lange Kelchzipfel.
Blütezeit April bis Juni.
Fundorte Wächst im Gebirge an felsigen Hängen in Südlage. In der Ebene an Waldrändern und in Gebüschen. Hauptverbreitung im südlichen Mittel- und in Südeuropa.
Verwechslung Zur Gattung *Amelanchier* gehören etwa 25 Arten in Eurasien und Nordamerika. In Mitteleuropa ist nur diese Art heimisch. In Gärten und Parks werden jedoch seit dem 19. Jahrhundert die Kupfer-Felsenbirne (*Amelanchier lamarckii*) und die Ährige Felsenbirne (*Amelanchier spicata*) angepflanzt, die beide gelegentlich verwildern. Auch die Früchte dieser Arten sind essbar.
Ernte Fruchtreife ab August, Ernte bis in den September.
Verwertung Aus den süßen Früchten kann man Kompotts und Konfitüren kochen, sie lassen sich auch zu Sirup verarbeiten oder als Belag für Kuchen und Torten nehmen.

Achtung Die Blüten riechen auffällig nach nicht ganz frischem Fisch.

Himbeere

Runzelbeere, Rote Brombeere
Hindelbeere, Honigbeere

Rubus idaeus
Rosengewächse

Merkmale Niedriger Strauch, 1–2 m hoch. Stängel biegsam, mit zahlreichen, nur 1 mm langen Stacheln besetzt. Blätter 3- bis 5-zählig, runzelig, unten dicht weißhaarig. Weiße Blüten. Rote, samtige Früchte.
Blütezeit Mai bis Juli.
Fundorte Waldränder, Waldlichtungen.
Verwechslung Nur mit roten, unreifen Brombeeren der gleichen Lebensräume möglich. Der Unterschied: Brombeerstängel sind dicht mit recht langen, kräftigen Stacheln besetzt.
Ernte Die Früchte ab Juli, die Blätter das ganze Jahr. Wenn die roten Sammelfrüchte sich leicht vom Blütenboden lösen lassen, sind sie reif. Die empfindlichen Himbeeren in luftigen Sammelgefäßen nur wenige Lagen übereinander schichten.
Verwertung Mit 25 mg Vitamin C pro 100 g Früchte ein ungewöhnlich vitaminreiches Wildobst. Roh sind Himbeeren wunderbar fruchtig und erfrischend. Mit wenig Wasser, etwas Zucker und Zitronensaft aufgekocht, ergeben sie ein duftendes Himbeermark, das portionsweise eingefroren ein ganzes Jahr zu verwenden ist. Getrocknete Blätter und Früchte liefern einen gesunden Haustee.

Achtung Wenn Himbeeren unangenehm bitter schmecken, werden sie von einer Wanze bewohnt. Dann sollte man an einem anderen Strauch weitersammeln.

Wald-Erdbeere

Erdbeerkraut, Wilde Erdbeere, Hügelerdbeere, Knickbeere

Fragaria vesca var. *vesca*
Rosengewächse

Merkmale Staude, 10–20 cm hoch, mit langen oberirdischen Ausläufern. Zweige kantig, behaart. Blätter 3-zählig, auf beiden Seiten dunkelgrün, unten seidig behaart, am Rand grob gezähnt. Blütenstiele blattlos. Kleine, weiße Blüten mit 5 Kelchblättern und 5 Kronblättern. Nach dem Verblühen wird der Blütenboden fleischig, aus ihm entsteht eine Scheinfrucht, die Erdbeere. Auf der Erdbeere sieht man kleine, glänzende Nüsschen, die Samen.
Blütezeit Mai bis Juni.
Fundorte Häufige Pflanze sonniger Waldlichtungen. Man findet sie auch in Laubwäldern, hellen Nadelwäldern, Gebüschen, an Wegrändern und Böschungen. Braucht etwas feuchte, nährstoffreiche, lehmige Böden.
Verwechslung Vor der Blüte mit dem Erdbeer-Fingerkraut (*Potentilla sterilis*), dessen Blätter erdbeerähnlich geformt sind, aber an Unter- und Oberseite unterschiedliche Grüntöne aufweisen.
Ernte Die Früchte von Juli bis September, die Blätter von Mai bis August. Nur voll ausgereift erreichen Erdbeeren ihr unverwechselbares Aroma und lassen sich leicht vom Strauch pflücken.
Verwertung Die Früchte einfach frisch genießen oder zu Marmelade, Quarkspeisen, Eis, Limonaden, Sekt, Bowle und vielem mehr verarbeiten. Die Blätter in Teemischungen, z. B. bei leichten Durchfallerkrankungen.

Achtung Die Früchte sind als Allergen bekannt. Hervorgerufen wird die Allergie durch den chininähnlichen Stoff Fragarianum, der eine Störung der Magennerven auslösen kann.

Küchen-Tipp Erdbeeren sind ein zucker- und vitaminreiches Wildobst, das man am besten roh genießen sollte. Am Morgen pur und auf nüchternen Magen gegessen, entfalten sie ihre Wirkstoffe am besten. Eine andere gesunde Kombination ergeben sie zusammen mit Wildsalaten, Joghurt, Quark oder Dickmilch. Oft werden sie aber auch zu Marmeladen, Kompott, Fruchtsuppen, Punsch und als Kuchenbelag verarbeitet oder zu Saft gepresst. Als Erdbeerbowle und im Rumtopf haben sie eine lange Tradition. Ein Tee aus frischen oder getrockneten Blättern erinnert im Geschmack an schwarzen Tee. Er wirkt erfrischend und blutreinigend. Erdbeerblätter können aber noch mehr. Mit ihnen lässt sich jede Maibowle hervorragend verfeinern. Und sie gelten als schmackhafter Zusatz zu Wildsalaten, Kräuterbutter, Soßen und zum Einlegen von Gurken.

Feine Walderdbeer-Nachspeise

500 g Walderdbeeren, 5 EL Zucker, 4 EL Grand Marnier, 1 Päckchen Vanillepuddingpulver, 0,5 l Milch, 1 Eiweiß, Schokoladeraspeln

1. Walderdbeeren mit 2 EL Zucker und Grand Marnier ziehen lassen.
2. Pudding nach Packungsanleitung mit Zucker und Milch zubereiten.
3. Fertig gekochten Pudding vom Herd nehmen, abkühlen lassen.
4. Eiweiß zu Schnee schlagen und Eischnee unterheben.
5. Die durchgezogenen Walderdbeeren dazugeben, in eine Glasschale füllen und mit den Schokoladenraspeln bestreuen.

Erdbeer-Apfel-Salat

500 g Walderdbeeren, 4 EL Zucker, 1 Päckchen Vanillezucker, 2 milde Äpfel, 1 Orange, $\frac{1}{2}$ Zitrone, 1 Likörglas Cointreau

1. Erdbeeren mit Zucker und Vanillezucker bestreuen.
2. Äpfel schälen, achteln und in dünne Scheiben schneiden, mit Orangen- und Zitronensaft begießen.
3. Erdbeeren und Äpfel mischen und mit Cointreau abschmecken.

1 *Walderdbeeren – der gelungene Abschluss eines festlichen Essens*
2 *Immer wieder lecker ...*

Kornelkirsche

Hornstrauch, Dürrlitze, Korneliuskirsche

Cornus mas
Hartriegelgewächse

Merkmale 3–6 m hoher Strauch oder kleiner Baum mit überhängenden Zweigen. Blätter gegenständig, einfach, oval, zugespitzt, ganzrandig, oben glänzend, unten etwas behaart. Auffällige gelbe Blüten, liegen in kugeligen Dolden direkt an den Zweigen, erscheinen vor dem Laub. Leuchtend rote, längliche Steinfrucht, die einen 2-samigen, länglichen Kern umschließt.

Blütezeit Februar bis April.

Fundorte Trockene Laubwälder, Waldränder, sonnige Hänge.

Verwechslung Es gibt keine Verwechslungsmöglichkeiten.

Ernte Fruchtreife und Ernte in den Monaten August und September. Wirklich reif und aromatisch sind Kornelkirschen nur, wenn sie fast vom Strauch fallen. Werden sie gepflückt, müssen sie einige Tage nachreifen.

Verwertung Reife Kornelkirschen sind saftig und schmecken angenehm säuerlich. Sie haben einen hohen Vitamin-C-Gehalt und können roh gegessen werden, eignen sich aber auch zur Herstellung von Marmelade, Gelee, Saft, Wein und Likör. Grüne, unreife Kornelkirschen bekommen, süßsauer eingelegt, einen olivenartigen Geschmack.

Achtung Kornelkirschen enthalten weniger Pektin als andere Früchte. Marmelade muss deshalb etwas länger gekocht werden, bis sie fest wird.

Preiselbeere

Steinbeere, Kronsbeere, Winterkraut

Vaccinium vitis-idaea
Heidekrautgewächse

Merkmale Immergrüner Halbstrauch bis Strauch, 10–20 cm hoch. Blätter derb, ganzrandig, oben glänzend dunkelgrün, unten braun punktiert, oft ist der Blattrand nach unten umgebogen. Weiße bis zartrosa, glockenförmige Blüten in hängenden Trauben am Ende der Zweige. Die reifen Früchte sind kugelige, leuchtend rote Beeren.
Blütezeit Mai bis Juni.
Fundorte Kiefernwälder, Moore, Heiden.
Verwechslung Höchstens mit der Blaubeere am gleichen Standort denkbar. Diese hat zwar ähnliche Blätter, aber rote Blüten und dunkelblaue Früchte.
Ernte Die Früchte von August bis Oktober, die Blätter von Mai bis August.
Verwertung Preiselbeeren sind roh durchaus essbar. Weil sie so aber ausgesprochen sauer schmecken, verzichtet man besser darauf. Erst beim Kochen entwickeln Preiselbeeren ihren delikat angenehmen Geschmack. Bekannt sind sie als süße Beilage zu Wildgerichten, Pfannkuchen oder gebackenem Camembert. Sie können aber auch zu Likör, Säften und Gelees, in Gebäck oder Fruchtsuppen verarbeitet werden. Ein Tee aus frischen oder getrockneten Blättern hilft bei Blasen- und Nierenerkrankungen.

Achtung Preiselbeeren sollte man nur so lange kochen, bis die Fruchtschale platzt. Längeres Kochen würde sie bitter machen.

Wiesen-Champignon

Wiesenegerling, Erdgürtel, Brachschwamm, Heiderling

Agaricus campestris
Schirmlings- und Egerlingsartige

Merkmale Sommerpilz mit nussigem Geschmack. Stiel 5–7 cm, weiß, etwas faserig. Hut 3–12 cm breit, jung halbkugelig, später flach gewölbt, weiß. Lamellen jung hellrosa, alt schokoladenbraun. Wächst oft in Hexenringen.

Fundorte Steht in großen Beständen auf gedüngten Wiesen, Viehweiden und Pferdekoppeln.

Verwechslung Ebenfalls auf Wiesen wächst der giftige Karbol-Egerling (*Agaricus xanthoderma*), erkennbar an seinem unangenehmem Karbolgeruch (wie nach Desinfektionsmitteln im Krankenhaus). Größte Vorsicht ist für Pilzsammler geboten, um den Wiesenchampignon nicht mit dem tödlich giftigen Weißen Knollenblätterpilz (*Amanita verna*) zu verwechseln. Dieser hat stets weiße Lamellen und eine knollige Stielbasis.

Ernte Ab Mitte August schieben die Wiesenchampignons in unseren Breiten ihre Köpfe aus der Erde. Sie können dann bis in den Herbst geerntet werden. Nur Pilze, deren Hutunterseite schön rosa gefärbt ist, sollten gesammelt werden. Braune oder gar schwarze Hutunterseiten sind typisch für alte Pilze, die unbrauchbar sind.

Verwertung Vielseitig verwendbarer Speisepilz, den man nicht waschen sollte. Die Pilzkörper saugen sich schnell voll Wasser und schmecken dann nicht mehr. Mit einem weichen Tuch oder einem Pinsel lassen sich Erdkrümel und Grasreste ebenso gut entfernen.

Achtung Um Verwechslungen mit den giftigen Knollenblätterpilzen zu vermeiden, sollte man bei der Champignonernte immer den Fuß des Stiels herausdrehen und auf Verdickungen achten.

Küchen-Tipp Frische Wiesenchampignons riechen angenehm würzig. Sie schmecken köstlich zu vielen Gerichten: roh im Salat und gedünstet in Suppen oder zu Fleischgerichten. Zusammen mit schwarzen Oliven, Zwiebelringen und Schafskäse ist dieser Pilz eine klassische Vorspeise auf griechische Art.

1 *Weißer Knollenblätterpilz*
2 *Quarkauflauf mit Wiesenchampignons – leicht und lecker*

Champignonquarkauflauf

500 g Buttermilchquark, etwa 0,25 l Milch, Salz, Pfeffer, Muskat, 2 EL Gries, 3 Eier, 3 Lauchzwiebeln, 250 g gekochter Schinken, 250 g Wiesenchampignons, Butter für die Form, 2 EL Paniermehl, Butter

1. Quark mit Milch glatt rühren, mit Salz, Pfeffer und Muskat würzen. 2 EL Gries unterrühren. Eier trennen und Eigelbe unterrühren.
2. Lauchzwiebeln in Ringe schneiden, Schinken würfeln, Champignons in Scheiben schneiden oder vierteln, alles unter die Quarkmasse rühren.
3. 3 Eiweiß zu Schnee schlagen, vorsichtig unter die Quarkmasse heben.
4. Auflaufform fetten, Quarkmasse einfüllen, mit Paniermehl bestreuen und mit Butterflöckchen besetzen.
5. Bei 200 °C etwa 30 min backen.

Frischer Champignonsalat

300 g Wiesenchampignons, Sherryessig, 1 TL grob gemahlener bunter Pfeffer, 4 Tomaten, 2 Stängel Zitronenmelisse, 1 Bund glatte Petersilie, Salz, Walnussöl

1. Champignons in sehr dünne Scheiben schneiden und blütenartig auf einer Servierplatte anrichten.
2. Mit Sherryessig beträufeln und mit buntem Pfeffer bestreuen.
3. Tomaten häuten, entkernen, Fruchtfleisch fein hacken.
4. Zitronenmelisse und Petersilie grob zupfen, zusammen mit den Tomatenwürfeln über die Champignons streuen.
5. Mit Walnussöl beträufelt servieren.

Riesenschirmpilz

Großer Schirmling, Parasolpilz

Macrolepiota procera
Schirmlings- und Egerlingsartige

Merkmale Größter der europäischen Blätterpilze. Stiel 15–40 cm hoch, hellbraun mit dunklen Flecken, Stielbasis weiß, filzig, keulenförmig, mit hellem, zweischichtigem, verschiebbarem Ring. Hut 10–40 cm breit, jung wie Paukenschlegel, später ausgebreitet wie aufgespannte Sonnenschirme, oberseits mit auffälligen hellbraunen Schuppen. Lamellen weiß. Duftet sehr angenehm nussartig.
Fundorte Laub- und Nadelwälder, Heiden. Besonders auf grasigen Lichtungen. Sehr häufig im nördlichen Mitteleuropa.

Verwechslung Mit dem giftigen Spitzschuppigen Stachelschirmling (*Echinoderma asperum*) möglich. Dieser ist jedoch deutlich kleiner und mit stark unangenehmem Geruch. Der ebenfalls ähnliche, essbare Safran-Schirmling (*Macrolepiota rachodes*) ist leicht zu unterscheiden: Sein Fleisch läuft bei Verletzung sofort safranrot an. Darüber hinaus gibt es einige kleinere, giftige Schirmlinge. Diese haben jedoch nie einen verschiebbaren Ring am Stiel.
Ernte Von Juli bis Oktober.
Verwertung Ohne Stiel ein hochwertiger Speisepilz. Nur junge Pilze verwerten. Von rohem Genuss ist abzuraten. Am besten gerade entfaltete Hüte wie Schnitzel mit Ei und Semmelbrösel panieren und braten.

Achtung In gedünsteten Mischpilzen wird der Parasol leicht zäh.

Brätling

Brotpilz, Süßling, Birnenmilchling, Ehegürtel

Lactarius volemus
Sprödblättler

Merkmale Sehr typisch ist der intensive Geruch nach Heringslake, den man zwar lange an den Händen behält, der aber beim Braten vergeht. Stiel bis 12 cm hoch, kräftig und fest, gelb gefärbt wie der Hut, eventuell etwas blasser. Hut 6–15 cm breit, zunächst gewölbt, im Alter mit eingesenkter Mitte, gelb- bis rotbraun. Lamellen gelblich weiß, färben sich an Druckstellen bräunlich. Bei Verletzung sondert der Pilz reichlich weiße Milch ab, die auf der Haut braune Flecken erzeugt.

Fundorte Wächst meist einzeln in Laub- und Nadelwäldern der Mittelgebirgslagen. Stark zurückgehend.

Verwechslung Vom Brätling gibt es mehrere kleinere Varietäten, die alle essbar sind und den typischen Heringsgeruch ausweisen. Durch diesen Geruch ist er von allen anderen Milchlingen eindeutig zu unterscheiden.

Ernte Juli bis November.

Verwertung Speisepilz mit eigenwilligem Geschmack, an dem sich die Geister scheiden. Ist jedoch in Butter gebraten und mit Kümmel gewürzt ausgezeichnet. Da er nur gebraten schmeckt, trägt er seinen Namen zu Recht.

Achtung Zum Schmoren ungeeignet. Dieser Pilz darf nur ganz kurz erhitzt, auf keinen Fall gekocht werden, sonst wird sein Fleisch zäh.

Speise-Täubling

Fleischroter Speisetäubling

Russula vesca
Sprödblättler

Merkmale Fester, typischer Pilz in T-Form. Stiel 3–8 cm lang, 2–3 cm dick, jung weiß, älter oft mit braunen Flecken. Hut 5–12 cm breit, feucht schmierig glänzend, trocken matt, rosa bis bräunlich, Huthaut am Rand auffällig um 1–2 mm zurückgezogen. Lamellen weiß, dicht, am Stielansatz gabelig verzweigt.
Fundorte Laub- und Nadelwälder in ganz Mitteleuropa. Häufig in der Nähe von Heidekraut und Adlerfarn.
Verwechslung Ähnlich sind einige ungenießbare oder giftige Speitäublinge. Sie schmecken alle brennend scharf und riechen obstartig. Ihre Huthaut ist mehr oder weniger rot gefärbt. Da die Hutfarben aber variieren, sind sie kein sicheres Bestimmungsmerkmal. Am einfachsten ist immer noch die Leckprobe an einem Pilzstück: Mild schmeckende Täublinge sind essbar, sofort scharf auf der Zunge brennende sind ungenießbar oder giftig. Wichtig: Kostprobe immer ausspucken.
Ernte Juni bis Oktober.
Verwertung Einer der besten Speisepilze, eignet sich für Mischpilzgerichte und Pilzsuppen. Dabei werden die Täublinge nicht so weich wie Röhrlinge, sondern behalten ihre feste Konsistenz.

Achtung Oft von einigen Maden der Blumenfliegen befallen, deren größere Gänge sich aber leicht ausschneiden lassen.

Gold-Röhrling

Goldgelber Lärchenröhrling, Schöner Röhrling

Suillus grevillei
Röhrlinge

Merkmale Kräftiger Hutpilz, nur unter Lärchen zu finden. Stiel 6–10 cm lang, oben zitronen- bis goldgelb mit weißgelbem Ring, darunter gelb bis bräunlich gefärbt, fühlt sich etwas schmierig an. Hut 4–12 cm breit, zunächst halbkugelig, später flach ausgebreitet, oben hellgelb bis orangebraun, Huthaut bei feuchtem Wetter schleimig, sonst klebrig. Röhren zitronengelb, im Alter oliv, werden auf Druck schmutzig rosa.
Fundorte Als Lärchenbegleiter vorwiegend im Gebirge in der Lärchenwaldzone und in der Ebene überall dort, wo Lärchen aufgeforstet wurden.
Verwechslung Zwei weitere Röhrlinge unter Lärchen sehen ähnlich aus: der essbare Graue Lärchen-Röhrling (*Suillus viscidus*) mit grauem bis braunem Hut sowie der ebenfalls essbare Rostrote Lärchen-Röhrling (*Suillus tridentinus*) mit rostoranger Röhrenschicht. Doch keine dieser Arten besitzt einen Ring am Stiel.
Ernte Juni bis Oktober.
Verwertung Wenn man die Huthaut abzieht, ist der Goldröhrling ein ausgezeichneter Speisepilz zum Dünsten und Braten, als Begleitung von Fleisch und Fisch.

Achtung Das zitronengelbe, zarte Fleisch der Goldröhrlinge wird mit zunehmendem Alter sehr schnell weich und bei Regen wässrig.

Maronen-Röhrling

Graspilz, Tannenpilz, Braunhäuptchen, Schafschwamm

Xerocomus badius
Röhrlinge

Merkmale Großer Pilz mit stattlichem Hut. Stiel 5–12 cm lang, 1–2 cm dick, zylindrisch, meist gelblich braun und immer (!) ohne Netzzeichnung. Hut 5–15 cm breit, schokoladen- bis kastanienbraun, bei trockenem Wetter samtig bis filzig, bei feuchtem Wetter klebrig, jung Hut halbkugelig, später polsterförmig gewölbt bis flach. Fleisch blassgelb, färbt sich bei Druck deutlich blau.
Fundorte Vorwiegend in Nadelwäldern der Mittelgebirge, besonders in etwa 60- bis 80-jährigen Fichtenbeständen, seltener auch in Laubwäldern. Dort besonders in Eichen-Hainbuchenwäldern.
Verwechslung Sehr ähnlich dem Steinpilz (*Boletus edulis*), dieser jedoch mit deutlicher Netzzeichnung auf dem Stiel. Außerdem laufen Steinpilze bei Anschnitt nicht blau an. Maronenröhrlinge sind sehr variabel: Es gibt überschlanke Exemplare und untersetzte Dickbäuche.
Ernte Von Juni bis Oktober.
Verwertung Vielseitig verwendbarer Pilz mit fruchtigem Geruch und mildem Geschmack. Passt zu Fleischgerichten und in Pilzgemüse. Junge Exemplare entfalten, in Butter gebraten, ihr nussartiges Aroma am besten.

Achtung Im rohen Zustand für manche Menschen unverträglich, gedünstet oder gebraten jedoch einer der besten Speisepilze.

Ziegenlippe

Filzröhrling, Filziger Röhrling, Mooshäuptchen

Xerocomus subtomentosus
Röhrlinge

Merkmale Stattlicher Röhrling mit kräftigem Hut. Stiel 3–10 cm lang, oft etwas verbogen, gelb bis rotbraun, oft mit Längspunkten oder Längsstreifen. Hut 3–12 cm breit, flach gewölbt, olivbraun und feinfilzig, fühlt sich wie Wildleder an, Huthaut lässt sich nicht abziehen. Röhren chromgelb. Beim Anschneiden verfärbt sich das Fleisch nur ganz schwach blau.
Fundorte Hauptsächlich in Mischwäldern mit vielen Eichen in ganz Mitteleuropa. Von der Ebene bis in den alpinen Bereich.
Verwechslung Leicht mit dem Rotfuß-Röhrling (*Xerocomus chrysenteron*) zu verwechseln, der ebenfalls essbar ist. Bestes Unterscheidungsmerkmal: Röhren der Ziegenlippe leuchtend chromgelb, Röhren des Rotfußröhrlings jung blassgelb, später grüngelb.
Ernte Juni bis Oktober.
Verwertung Junge Ziegenlippen sind gute Speisepilze. In Essig gelegt schmecken sie fein nach Obst. Doch am besten sind sie einfach in Butter gedünstet. Zum Trocknen eignen sie sich nicht. Ältere Pilze sind oft von Schimmelpilzen oder Pilzmückenmaden befallen und dann ungenießbar.

Achtung Ziegenlippen sind oft mit einem weißen bis gelben, watteähnlichen Überzug versehen. Dieser parasitische Schlauchpilz (Goldschimmel) macht die Pilze unbrauchbar.

Schopf-Tintling

Spargelpilz, Porzellantintling, Großer Tintenpilz

Coprinus comatus
Tintlingsartige

Merkmale Stiel bis 15 cm lang, 2 cm dick, hohl, weiß, glatt. Hut bis 12 cm hoch, bis 6 cm breit, zylindrisch bis walzenförmig, im Alter glockenförmig, Hutoberfläche jung weiß, später schmutzig weiß mit groben Schuppen. Lamellen ungewöhnlich dicht. Nach kurzer Zeit zerfließt der Hut samt Lamellen zu einem tintenartigen Sporenbrei.
Fundorte Sehr häufig. Gruppenweise auf gedüngten Rasenflächen, in Parkanlagen, an Weg- und Straßenrändern. Häufig auch in der Nähe von Misthaufen und Silagen.
Verwechslung Sehr ähnlich sind der Graue Falten-Tintling (*Coprinus atramentarius*) und der Specht-Tintling (*Coprinus picaceus*), die beide nicht ungefährlich sind. Sichere Unterscheidungsmerkmale: Faltentintling: Hut aschgrau, ohne (!) deutliche Schuppen. Spechttintling: weiße Schuppen auf schwarzem (!) Hut.
Ernte Juni bis November.
Verwertung Nur essbar, solange die Lamellen reinweiß sind. Der Pilz verdirbt sehr schnell. Frisch zubereitet ist er jedoch ein guter Speisepilz und ähnelt im Geschmack dem Champignon. Beliebt sind mit Schopftintlingen gefüllte Pfannkuchen.

Achtung Nur ganz junge Exemplare mit weiße Lamellen sammeln und schnellstens verarbeiten. Pilze mit rosa Lamellen sind schon ungeeignet.

Semmel-Stoppelpilz

Semmelpilz, Gelber Stachling, Semmelstopperl, Semmelstachling

Hydnum repandum
Stachelpilze

Merkmale Stiel 3–6 cm, heller als Hut, oft exzentrisch stehend. Hut 6–17 cm breit, jung flach gewölbt, später in der Mitte vertieft und mit unregelmäßig gebogenem Rand, dickfleischig, cremefarben bis orangegelb. An der Hutunterseite 2–6 mm lange Stacheln, die sich weich anfühlen und leicht abbrechen.
Fundorte Wächst reichlich in Gruppen, langen Reihen und Ringen in Laub- und Nadelwäldern. Häufig unter Buchen und Eichen, Kiefern und Fichten.
Verwechslung Leicht erkennbar und kaum zu verwechseln. Denkbar wäre eine Verwechslung höchstens mit dem nahe verwandten und ebenfalls essbaren Rotgelben Semmel-Stoppelpilz (*Hydnum repandum* var. *rufescens*), der aber nur einen kleinen Hutdurchmesser von 3–6 cm erreicht, dünnfleischiger und orange bis orangebraun gefärbt ist.
Ernte Juni bis Oktober.
Verwertung Der junge Pilz riecht angenehm. Der Geschmack ist zunächst mild, mit zunehmenden Alter pfefferartig brennend und bitter. Er passt gut in Rührei, zu Fleisch, in Soßen und in Suppen. Vor der Verwendung ist eine Geschmacksprobe sinnvoll.

Achtung Dieser Pilz übersteht fast unverändert Trocken- und Regenzeiten, ist dann aber oft überaltert und ungenießbar. Das gilt vor allem für Herbstfunde.

Quendelkekse

500 g Dinkelmehl, 150 g Rohrzucker, 150 g Butter, 150 g Mandeln, 2 EL Quendelpulver, 2 Eier, 1 Päckchen Backpulver, 1 Prise Salz, eventuell etwas Wasser, Butter oder Backpapier für das Backblech, Marmelade nach Wahl

1. Alle Zutaten zu einem Teig verarbeiten.
2. Etwa 0,5 cm dünn ausrollen und Plätzchen ausstechen.
3. Auf einem gefetteten oder mit Backpapier belegten Blech 15 min bei 200 °C backen und mit Marmelade verzieren.

Felsenbirnenkuchen

Für den Teig: 300 g Mehl, 200 g Butter, 100 g Zucker, 2 Päckchen Vanillezucker, 1 Ei, 1 Prise Salz
Für den Belag: 375 g Schmand, 3 Eier, 1 Päckchen Vanillepuddingpulver, etwa 800 g Felsenbirnen
Außerdem: Zucker, Zimt, Butter für die Form, Puderzucker

1. Alle Teigzutaten miteinander verkneten, zu einer Kugel formen und in Folie wickeln. Wenigstens 30 min kalt stellen.
2. Schmand, Eier und Puddingpulver verrühren.
3. Eine Kuchenform einfetten, mit dem Teig auslegen, dabei einen Rand hochziehen.
4. Die Schmandmasse auf dem Teig verstreichen.
5. Felsenbirnen darüber geben, mit Zucker und Zimt bestreuen.
6. Bei etwa 200 °C 50–60 min backen.
7. Nach dem Auskühlen mit Puderzucker bestreuen.

Thymianblütenzucker

Frische Thymianblüten, Zucker

1. Thymianblüten und Zucker werden im Verhältnis 2:1 in einem Mixer zu einer feinkörnigen Substanz vermahlen.
2. Diese Substanz sieben und auf einem mit Alufolie belegten Backblech ausbreiten.
3. Im vorgeheizten Backofen bei 50 °C und halb geöffneter Tür langsam trocknen.
4. In dunkle Gläser abfüllen.

Auch andere aromatische Blüten, wie Salbei-, Rosen- oder Holunderblüten, eignen sich für diese Art der Zuckerherstellung.

Kräuteraperitif

2 EL frischer Beifuß, 1 EL frische Minze, 1 l Weißwein, 3 EL Honig, 3 EL Wasser, 125 ml Cognac

1. Kräuter fein hacken.
2. In einem gut verschließbaren Glasgefäß mit Weißwein übergießen und an einem kühlen Ort etwa 1 Woche ziehen lassen.
3. Abseihen.
4. Honig und Wasser mischen, erhitzen, abkühlen lassen, Cognac hinzufügen und zum Ansatz geben.
5. In eine Flasche abfüllen und im Kühlschrank aufbewahren.

Malventee

1 Hand voll getrocknete Malvenblüten, 1 l Wasser, Honig

1. Die getrockneten Blüten mit kochendem Wasser übergießen, etwa 5 min ziehen lassen.
2. Mit etwas Honig süßen und in kleinen Schlucken genießen.

Himbeeressig

600 g frische Himbeeren, 1 l Weißweinessig

1. Früchte in ein Glasgefäß füllen, mit Weinessig übergießen, verschließen und etwa 4 Wochen an einen sonnigen Platz stellen. Das Gefäß täglich schwenken.
2. Abseihen, in Flaschen füllen und möglichst kühl und dunkel aufbewahren.

Dieser Essig eignet sich gut für sommerliche Salate und zur Verfeinerung von Soßen für Fisch- und Wildgerichte.

Pilzküchle

500 g Waldpilze, 1 Zwiebel, etwas Butter, 2 Brötchen, etwas Milch, 1 Bund Petersilie, 1 Ei, 3 EL Paniermehl, Salz, Pfeffer, Muskat, Öl zum Ausbacken

1. Pilze säubern und sehr fein würfeln.
2. Zwiebel ebenfalls würfeln.
3. Beides zusammen etwa 10 min in Butter dünsten.
4. Brötchen in Milch einweichen, Petersilie hacken.
5. Brötchen ausdrücken, zusammen mit der Pilz-Zwiebelmasse, dem Ei, der Petersilie und dem Paniermehl zu einem Teig vermengen.
6. Mit Salz, Pfeffer und Muskat würzen, einige Minuten quellen lassen.
7. Kleine, flach gedrückte Küchle formen und in heißem Öl ausbacken.

Dazu schmeckt ein frischer Salat.

Kornelkirschenkonfitüre

1 kg gut nachgereifte, weiche Kornelkirschen, 250 g Zucker, 1 Päckchen Vanillezucker

1. Die Kornelkirschen roh durch ein Sieb streichen.
2. Das erhaltene Fruchtmark mit Zucker versetzen und unter ständigem Rühren aufkochen.
3. Vanillezucker zugeben.
4. In saubere, heiß ausgespülte Gläser füllen und gut verschließen. Kurz auf den Kopf stellen, dann wenden. Kühl lagern.

Pilzgemüse

700 g geputzte Waldpilze, 1 Zwiebel, 100 gekochter Schinken, Butter, Salz, Pfeffer, süße Sahne, 1 EL gehackte Petersilie

1. Pilze in Scheiben schneiden, Zwiebel und Schinken würfeln.
2. Zwiebel in Butter andünsten, Pilze und Schinken zugeben und etwa 5 min weiterdünsten.
3. Mit Salz und Pfeffer würzen, etwas Sahne angießen und weitere 5 min dünsten.
4. Zum Servieren mit Petersilie bestreuen.

Preiselbeerkompott

500 g Zucker, 1 Stange Zimt, 1 Gewürznelke, 0,25 l Rotwein, 1 kg Preiselbeeren

1. Zucker, Gewürze und Rotwein zusammen aufkochen.
2. Preiselbeeren dazugeben und mitkochen, bis sie geplatzt und weich sind.
3. Preiselbeeren herausnehmen.
4. Saft einkochen, bis er dickflüssig ist.
5. Preiselbeeren wieder zugeben, noch einmal erhitzen, in kleine Gläser füllen und verschrauben.

Schmeckt hervorragend zu Wildgerichten.

Preiselbeermeerrettich

125 ml süße Sahne, 1 TL Zucker, 30 g geriebener Meerrettich, 60 g Preiselbeerkompott, 1 TL Zitronensaft

1. Sahne mit Zucker steif schlagen.
2. Geriebenen Meerrettich und Preiselbeerkompott unterrühren, eventuell mit Zitronensaft abschmecken.

Pastinakgemüse

500 g Pastinakenwurzeln, Salzwasser, 1 Zwiebel, Butter, 1 EL Mehl, 125 ml Gemüsebrühe, 125 ml süße Sahne, Salz, Pfeffer, Muskat, Zitronensaft

1. Pastinakenwurzeln waschen, schälen, in Streifen oder Scheiben schneiden. In leicht gesalzenem Wasser fast gar kochen. Aus dem Wasser nehmen und abtropfen lassen.
2. Zwiebel würfeln, in Butter andünsten, Mehl darüber stäuben, kurz anrösten, Gemüsebrühe angießen, 5 min köcheln lassen. Nun die Sahne einrühren.
3. Mit Salz, Pfeffer, Muskat und einem Spritzer Zitronensaft abschmecken.
4. Pastinakenstückchen einlegen und noch etwa 5 min ziehen lassen.

Früher ein traditionelles Gemüse zu Tafelspitz, heute ein wenig in Vergessenheit geraten

Durch den Schleier des ersten Morgennebels leuchtet goldfarbenes Laub. Der Herbst ist da. Hecken, Wälder und Säume bieten nun einen reichhaltigen Früchtemarkt. Schon vor tausenden von Jahren war der Herbst mit seiner Fülle die beste Zeit für die Menschen. Und er ist es immer noch. Viele Wildfrüchte werden heute für die Küche neu entdeckt, die ursprünglicher als das Kulturobst schmecken: Sanddornsaft würzt Fischsuppen, Haselnüsse ergeben bestes Brot, Wacholderbeeren veredeln Wildsoßen. Und als Krönung des Herbstes liefern die Wälder die schmackhaftesten Pilze.

Blaubeere

Heidelbeere, Schwarzbeere, Staudelbeere, Waldbeere

Vaccinium myrtillus
Heidekrautgewächse

Merkmale Sommergrüner, buschiger Zwergstrauch, 15–40 cm hoch. Zweige aufrecht, scharfkantig und grün. Blätter wechselständig, eiförmig, zugespitzt, am Rand fein gesägt. Blüten erst grün, später weinrot, kugelförmig. Reife Frucht eine blauschwarze Beere.

Blütezeit Mai bis Juni.

Fundorte Blaubeeren bilden vor allem in Nadelwäldern und auf Heiden große Bestände, wachsen aber auch in lichten Laubmischwäldern. Auf kalkhaltigen Böden fehlen sie.

Verwechslung Da unreife Blaubeeren rot sind, ist eine Verwechslung mit der rotfrüchtigen Preiselbeere, die im gleichen Lebensraum wächst, möglich. Bei Ernte reifer Früchte ist eine Verwechslung ausgeschlossen. Ein weiterer Unterschied: Die Blätter der Blaubeere sind am Rand gezähnt, die der Preiselbeere ganzrandig.

Ernte Die Blätter während der gesamten Vegetationsperiode, die Früchte in den Monaten August/September, wenn sie blauschwarz und reif sind.

Verwertung Blaubeeren sind ein beliebtes, hochwertiges Wildobst. Noch heute werden allein in Deutschland jährlich zwischen 5000 und 10 000 t der vitaminreichen Waldbeeren geerntet. Die Früchte werden zu Marmelade, Kompott, Süßspeisen, Saft, Wein und Likör verarbeitet. Die Blätter ergeben heilkräftige Tees. Kühl gelagert halten sich Blaubeeren 5 bis 7 Tage.

Achtung Der kräftig dunkelrote Saft der Blaubeeren färbt Kleidung, Finger und Zähne nachhaltig blau.

Küchen-Tipp Am besten schmecken Blaubeeren frisch geerntet mit Zucker, Milch oder Joghurt. Aber man kann sie auch trocknen und ohne Geschmacksverluste einfrieren. Blaubeeren geben einer Vielzahl von Gerichten eine köstliche Note. Besonders beliebt sind sie in saftigen Kuchen, Torten und allen Arten von Süßspeisen. Schnell zubereitet ist eine leckere Köstlichkeit, die Blaubeernockerln. „Wenn die Blaubeeren reifen, kann jeder Arzt beruhigt in die Ferien fahren", sagt ein altes Sprichwort. Daran ist viel Wahres. Die kleinen Beeren enthalten Vitamin A und C, in geringen Mengen auch B-Vitamine, außerdem Kalzium, Kalium, Magnesium, Eisen und Gerbstoffe. Sie wirken keimtötend und entzündungshemmend und werden in der Volksmedizin vielseitig genutzt, vor allem bei Magenbeschwerden und Durchfall.

Blaubeernockerln sind eine süße Leckerei.

Saftiger Blaubeerkuchen

Für den Teig: 100 g Butter, 100 g Zucker, 1 Päckchen Vanillezucker, 1 Ei, 300 g Mehl, 1 TL Backpulver, etwas Milch
Für den Belag: 750 g Blaubeeren, 150 g Zucker
Außerdem: Butter für die Form

1. 100 g Butter und 100 g Zucker schaumig rühren, dann nach und nach den Vanillezucker, das Ei, das mit Mehl vermischte Backpulver und etwas Milch dazugeben, bis ein geschmeidiger Rührteig entsteht.
2. Teig in eine gefettete Springform streichen, dabei einen Rand hochziehen.
3. Blaubeeren mit dem Zucker vermischen, auf den Teig geben und leicht mit der Hand andrücken.
4. Im vorgeheizten Backofen bei 200 °C etwa 40 min backen.

Mit Schlagsahne überaus lecker

Blaubeernockerln

250 g Mehl, 2 Eier, eine Prise Salz, 1 Päckchen Vanillezucker, 1 TL Backpulver, etwas Milch, 250 g Blaubeeren, Backfett, Zimtzucker

1. Aus Mehl, Eiern, Salz, Vanillezucker, Backpulver und etwas kochend heißer Milch einen zähen Teig rühren.
2. Blaubeeren unterrühren und das Ganze kurz quellen lassen.
3. Mit einem feuchten Esslöffel kleine Nockerln abstechen und diese in heißem Fett auf beiden Seiten goldbraun backen.
4. Mit Zimtzucker bestreuen.

Dazu passt Vanillesoße oder Blaubeermus.

Brombeere

Hundsbeere, Braunbeere, Kroatz- oder Kratzbeere

Rubus fruticosus agg.
Rosengewächse

Merkmale Wuchernder Strauch, 50–200 cm hoch. Zweige stachelig, kantig, entweder aufrecht, bogenförmig überhängend oder am Boden kriechend. Blätter 3- bis 7-teilig. Blüten weiß bis hellrosa. Schwarz glänzende Sammelfrucht.

Blütezeit Juni bis Juli.

Fundorte Feld-, Wald- und Wegränder.

Verwechslung Die Art ist sehr formenreich. Es gibt etwa 100 Kleinarten, die sich in ihrer Wuchsform, außerdem in Größe und Zahl ihrer Stacheln unterscheiden. Alle sind essbar.

Ernte Die Blätter stehen fast das ganze Jahr zur Verfügung. Die Früchte reifen von Juli bis September. Wenn sie tiefschwarz an den Zweigen hängen, sind sie voll ausgereift und können gepflückt werden.

Verwertung Nur reife Brombeeren entfalten ihr volles Aroma. Dann schmecken sie köstlich, saftig und am besten frisch vom Strauch. Doch auch verarbeitet sind sie ein Erlebnis. Aus Brombeeren kann man eines der besten Sorbets zubereiten und in Kombination mit Äpfeln eine wunderbare Torte. Natürlich werden die Früchte auch zu Marmelade, Gelee, Saft, Wein und Likör verarbeitet. Und Brombeerblätter ergeben einen magenwirksamen Tee.

Achtung Brombeeren reifen bei Lagerung nicht nach. Deshalb frisch verbrauchen oder einfrieren.

Gewöhnliche Mehlbeere

Weißlaub, Silberbaum, Mehlbaum

Sorbus aria
Rosengewächse

Merkmale Sommergrüner Strauch oder Baum mit kurzem, geradem Stamm und sehr gleichmäßig gewölbter Krone, 6–12 m hoch. Blätter wechselständig, am Rand gesägt, oben dunkelgrün, unten dicht weißfilzig. Blüten weiß, in schirmartigen Blütenständen. Früchte eiförmig bis kugelig, orange bis leuchtend rot, etwa 15 mm lang, mehlig.
Blütezeit Juni bis Juli.
Fundorte Sonnige Buchen- und Eichenwälder, Waldränder und Gebüsche, Felshänge.
Verwechslung Nicht möglich.
Ernte Die Früchte reifen von August bis Oktober und können in dieser Zeit auch gepflückt werden.
Verwertung Mehlbeeren gelten wegen ihres hohen Vitamin-, Zucker- und Pektingehalts als wertvolles Obst. Wegen ihres fadsüßen, mehligen Geschmacks sollte man sie jedoch nicht alleine, sondern immer mit geschmacklich intensiveren Früchten verarbeiten. Vor allem getrocknet entfalten Mehlbeeren viel Aroma. Früher nahm man sie als Rosinenersatz im weihnachtlichen Früchtebrot. Heute verarbeitet man Mehlbeeren in Kompotts, Marmeladen und Gelees.

Achtung Um den Geschmack zu verbessern, sollte man Mehlbeeren einige Tage einfrieren. Dann schmecken sie fruchtiger.

Gewöhnliche Eberesche

Vogelbeere, Krametskirsche, Teufelskirsche, Haferkirsche

Sorbus aucuparia ssp. *aucuparia*
Rosengewächse

Merkmale Sommergrüner, oft mehrstämmiger, kleiner Baum oder Strauch, 3–15 m hoch. Blätter zusammengesetzt aus 9 bis 19 Teilblättchen, die einzelnen Blättchen keilförmig, vorne zugespitzt, am Rand gleichmäßig und gut erkennbar gezähnt. Blüten gelbweiß, in schirmähnlich ausgebreiteten Blütenständen. Früchte (Vogelbeeren) erbsengroß, orangerot. Schneidet man sie auf, so erkennt man drei durch Querwände abgeteilte Bereiche, in denen die Samenkerne liegen.

Blütezeit Mai bis Juni.

Fundorte Laubwälder, Weg-, Straßen- und Waldränder, Gebüsche.

Verwechslung Mit der süßen Edel-Eberesche oder Mährischen Eberesche (*Sorbus aucuparia* ssp. *moravica*), deren Fiederblättchen nur ganz leicht gezähnt sind. Auch ihre Früchte sind essbar. Aber sie sollten nicht zu reif sein. Sonst schmecken sie mehlig und fade.

Ernte Vogelbeeren färben sich schon im August tiefrot. Sie sollten aber erst im Oktober geerntet werden, wenn die Früchte wirklich reif sind.

Verwertung Vogelbeeren müssen nach der Ernte mehrere Monate tiefgefroren werden. Nur so weicht ihr bitterer Geschmack einem feinherben Aroma. Die süßen Früchte der Mährischen Eberesche brauchen diese Kältebehandlung nicht. Die Früchte beider Bäume können zu Fruchtmus, Marmeladen, Gelee, Sirup, Likör und Essig verarbeitet werden.

Achtung Die Früchte sollten wegen des Parasorbinsäuregehalts ihrer Samen nicht roh gegessen werden.

Küchen-Tipp Vogelbeeren werden die Zitronen des Nordens genannt. Sie enthalten sehr viel Vitamin C, Pektine, Gerbstoff, Sorbin- und Apfelsäure, aber auch Parasorbinsäure, die die Magenschleimhaut reizt. Durch Kochen wird diese giftige Substanz zerstört. Zurück bleiben nur die gesunden Inhaltsstoffe. Wer absolut sicher gehen möchte, streicht das gekochte Fruchtmus vor der Weiterverarbeitung zu Marmelade oder Gelee vorsichtig durch ein Mulltuch und entfernt so die Samenkerne. Vogelbeermarmelade hilft gegen Frühjahrsmüdigkeit und wird auch zur Vorbeugung von Erkältungen empfohlen. Bei Magenverstimmung hilft dagegen ein Likör aus Vogelbeeren. Auch den käuflichen Magenbittern sind diese Beeren häufig beigemischt.

Vor der Weiterverarbeitung werden die Vogelbeeren von den Rispen gepflückt.

Werners Vogelbeermarmelade

1 kg gefrostete Vogelbeeren, 0,5 l Apfelsaft, 1 kg Gelierzucker

1. Vogelbeeren langsam auftauen, mit Apfelsaft 10 min weich kochen.
2. Die Fruchtmasse vorsichtig durch ein Sieb streichen, um Schalen und Samenkerne zu entfernen.
3. Den erhaltenen Fruchtbrei mit der gleichen Menge Gelierzucker aufkochen.
4. Noch heiß in Gläser füllen, verschließen und umgedreht auf einem feuchten Tuch auskühlen lassen.

Vogelbeersirup

1 kg gefrostete Vogelbeeren, 1 l Apfelsaft, Zucker

1. Die Vogelbeeren langsam auftauen lassen, etwas zerquetschen.
2. Apfelsaft angießen, alle Früchte sollten gut bedeckt sein.
3. Etwa 10 min weich kochen.
4. Die Fruchtmasse durch ein Mulltuch laufen lassen.
5. Pro Liter Saft 500 g Zucker zugeben und so lange kochen, bis der Sirup eine ölige Konsistenz bekommt.
6. Heiß in Flaschen abfüllen.

Eisgekühlt und mit etwas Honig, Milch, Mineralwasser und einigen Esslöffeln Ananassaft ergibt das ein erfrischendes Getränk, das vielen als Gletschermilch bekannt ist.

Speierling

Sperberbaum, Spierapfel, Butzelbeer, Sorbenbaum

Sorbus domestica
Rosengewächse

Merkmale Sommergrüner Baum, 15–20 m hoch. Blätter bestehen aus 13 bis 21 Teilblättchen. Blüten klein, weiß. Frucht birnen- oder apfelförmig, 1,5–3 cm lang, enthält 5 braune, scharfkantige Samen.
Blütezeit Mai/Juni.
Fundorte Warme, trockene Laubwälder.
Verwechslung Die fruchttragenden Bäume kann man nicht verwechseln. Vor der Fruchtreife ist jedoch eine Verwechslung mit der Eberesche (*Sorbus aucuparia* ssp. *aucuparia*) möglich. Die Blätter des Speierlings sind in der Form denen der Eberesche sehr ähnlich, jedoch deutlich größer.
Ernte Die Früchte des Speierlings sind erst grün, verfärben sich dann gelb und schließlich braunrot. Je nach Standort können sie ab Mitte September geerntet werden.
Verwertung Wer die frisch geernteten Früchte versucht, wird zunächst enttäuscht sein über das harte und vielleicht bittere, fast ungenießbare Fruchtfleisch. Doch das ändert sich. Die Früchte müssen nach der Ernte noch Tage, manchmal auch Wochen nachreifen. Dann werden sie weich, süß und aromatisch wie Tropenfrüchte. Nur wenn sie wirklich reif sind, schmecken sie roh, in Marmeladen, Fruchtmus und auf Kuchen.

Achtung Alte Bäume sind gelegentlich als Baumdenkmale gekennzeichnet. Diese nicht beernten.

Echte Mispel

Wispelbaum, Aispel, Nispel

Mespilus germanica
Rosengewächse

Merkmale Sommergrüner Strauch oder kleiner Baum, 4–6 m hoch. Zweige mit Dornen. Blätter einfach, bis 15 cm lang, unten behaart. Blüten weiß, stehen einzeln am Ende der Zweige. Frucht apfelähnlich, mit langen Kelchblattresten an der Spitze, etwa walnussgroß, braunrot, hat eine harte, vorne offene Schale.
Blütezeit Mai/Juni.
Fundorte Warme, trockene Eichenmischwälder, Waldränder und Gebüsche. Die Mispel stammt aus dem Orient. Im Mittelalter wurde sie in wintermilden Gebieten als Obstbaum kultiviert und verwilderte. In Mittel- und Südeuropa finden sich nur solche verwilderten Exemplare.
Verwechslung Keine.
Ernte Am besten im Spätherbst, nach dem ersten Frost.
Verwertung Reife Mispeln erinnern im Geschmack ein wenig an Aprikosen. Sie lassen sich roh essen. Dazu halbiert man sie, süßt nach Belieben mit ein wenig Puderzucker und löffelt das weiche Fruchtfleisch aus der Schale. Doch auch in Butter und Rotwein geschmort oder zusammen mit anderen Obstarten zu Marmelade gekocht, werden sie zur Delikatesse.

Achtung Die Früchte reifen zwar im September, sollten aber bis nach den ersten Frostnächten am Baum bleiben. Erst dann schmecken sie.

Gewöhnliche Schlehe

Schwarzdorn, Himmelblüten Ackerpflaume, Eisbeere

Prunus spinosa
Rosengewächse

Merkmale Sommergrüner, mittelgroßer, reich verzweigter Strauch, 1–3 m hoch. Zweige in der Jugend samtartig behaart, später glatt und schwarz, mit rechtwinklig abstehenden Dornen. Blätter kurz gestielt, wechselständig, länglich eiförmig, am Rand scharf gesägt. Blüten klein, weiß, verteilen sich auf den Ästen, erscheinen vor den Blättern. Frucht dunkelblau, kugelig, enthält einen Kern, der mit dem Fruchtfleisch fest verwachsen ist.

Blütezeit März bis April.

Fundorte Hecken, häufig zusammen mit Weißdorn, Wildrosen und Berberitzen. Auch an Feld-, Wald- und Wegrändern.

Verwechslung Es ist keine Verwechslung möglich.

Ernte Ende September bis November. Schlehen verlieren erst nach ein paar Frostnächten ihren herb-sauren Geschmack. Wer aber darauf wartet, hat meist das Nachsehen, da dann die Vögel die Sträucher längst abgeerntet haben. Sicherer ist es, die reifen Früchte zu pflücken und ihnen daheim in der Gefriertruhe die nötige Frostreife zukommen zu lassen.

Verwertung Schlehenfrüchte werden roh gegessen oder zu Marmeladen, Gelees, Chutneys, Saft, Likör und Wein verarbeitet. In jedem Fall müssen sie schnell verbraucht werden, eine lange Lagerung vertragen sie nicht. Getrocknete Schlehen sind Bestandteil von Kräutertees.

Achtung Die Zweige des Schlehenstrauchs haben kräftige Dornen. Deshalb ist es sinnvoll, zum Ernten Handschuhe anzuziehen.

Küchen-Tipp Schlehenfrüchte enthalten neben Vitaminen und Zucker auch Säuren und viele Gerbstoffe. Wegen ihres hohen Gerbstoffgehalts sind sie ohne Frostreife nahezu ungenießbar. Aber nach einer Frostperiode sind Schlehen so mild, dass man sie auch roh essen kann. Trotzdem werden sie meist gekocht verwendet, am häufigsten in Kombination mit Zwetschgen, Äpfeln oder Birnen. Als Marmelade, Gelee und Chutney schmecken sie auf Butterbrot, im Kuchen oder als Beilage zu Fleisch. In Weinbrand eingelegte Früchte ergeben einen vorzüglichen Likör. Auch getrocknete Schlehen schmecken angenehm. Nach einem Rezept aus alter Zeit legt man Schlehen 3 bis 4 Wochen in Salzlake und erhält dann säuerlich schmeckende Früchte, die man wie Oliven verwenden kann.

Rotgoldener Schlehenlikör sieht fast wie alter Portwein aus.

Schlehenlikör

500 g Schlehen, 2 Zimtstangen, 1 Vanilleschote, 1 Hand voll Rosinen, 1,5 l Weinbrand, 300 g brauner Zucker, 0,5 l Wasser

1. Schlehen rundum mit einer Nadel anstechen.
2. In ein großes Einmachglas füllen.
3. Zimtstangen, aufgeschnittene Vanilleschote und Rosinen zugeben, mit Weinbrand übergießen, verschließen.
4. An einem dunklen, warmen Ort mindestens 3 Wochen ziehen lassen, ab und zu gut durchschütteln, abfiltern.
5. Zucker und Wasser etwa 15 min im offenen Topf kochen, bis eine sirupartige Flüssigkeit entstanden ist.
6. Zum abgefilterten Ansatz geben, durchrühren und in Flaschen füllen.

Dieser Likör schmeckt erst nach einer Lagerung von mehreren Monaten rund und gut.

Schlehen-Apfel-Gelee

1 kg Schlehen, 500 g Äpfel, 3 EL Zitronensaft, Wasser, Zucker

1. Schlehen rundum mit einer Nadel einstechen, Äpfel schälen und vierteln.
2. Früchte mit Zitronensaft beträufeln.
3. Mit so viel Wasser aufsetzen, dass alle Früchte gerade bedeckt sind, zum Kochen bringen und etwa 1 h köcheln.
4. Das entstandene Mus über Nacht durch ein Mulltuch abtropfen lassen.
5. Den erhaltenen Saft mit der gleichen Menge Zucker zum Kochen bringen, etwa 10 min sprudelnd kochen lassen.
6. Heiß in Gläser füllen.

Gewöhnliche Hasel

Haselbaum, Klöterbusch, Waldnuss, Würstle

Corylus avellana
Haselgewächse

Merkmale Sommergrüner, vielstämmiger Strauch, 2–6 m hoch. Rinde graubraun, glatt, mit hellen Korkwarzen. Junge Zweige rutenförmig und biegsam. Blätter wechselständig, rundlich bis eiförmig, mit gesägtem Rand, auf beiden Seiten behaart. Blüten erscheinen lange vor den Blättern, männliche Blüten als hängende Kätzchen, weibliche Blüten als kleine Knospen, aus denen ein Büschel roter Narben herausragt. Frucht eine hartschalige Nuss, die in einer grünen, glockenförmigen, zerschlitzten Hülle steckt.

Blütezeit Februar bis April.

Fundorte Sommerwarme Laubwälder, Waldränder, Hecken, Gebüsche. Braucht nährstoffreiche, lockere Lehmböden und viel Licht.

Verwechslung Es ist keine Verwechslung mit anderen Sträuchern möglich.

Ernte Je nach Standort reifen Haselnüsse in den Monaten August und September. Sie können bis in den Winter gesammelt werden.

Verwertung Wild wachsende Haselnüsse schmecken zarter und süßer als gekaufte oder im Garten kultivierte. Sie sind aber kleiner und weniger haltbar. Bis spätestens Weihnachten sollten sie daher verbraucht sein. Haselnüsse werden roh gegessen oder getrocknet, geröstet und gemahlen zur Herstellung von Brotaufstrichen, Kuchen, Torten, Puddings, Schokolade und vielem mehr verwendet. Eine beachtliche Menge wird auch zu Öl verarbeitet.

Achtung Haselnüsse lösen leider bei vielen Menschen Allergien mit Atembeschwerden aus.

Küchen-Tipp Haselnüsse enthalten neben Vitaminen, Kalzium, Magnesium und Eisen etwa 17 % Eiweißstoffe und 63 % Fett. Damit sind sie nicht nur eine wohlschmeckende Leckerei, sondern ein wertvoller Fett- und Eiweißlieferant. Wegen ihres hohen Eiweißgehalts gelten sie als das Fleisch der Vegetarier. Geröstet schmecken Haselnüsse besser als frisch vom Strauch. Aber sie dürfen nur kurz geröstet werden, da sie bitter werden, wenn sie zu dunkel sind. Geschälte Haselnüsse werden wegen ihres hohen Fettgehalts bei zu warmer und zu feuchter Lagerung schnell ranzig. Mit Schale sind sie haltbarer. Haselnüsse sind jedoch nicht nur von einer verholzten Schale umgeben. Den Haselnusskern umhüllt zusätzlich eine dünne, hellbraune Haut. Wer die aufgeknackten Nüsse von dieser braunen Haut befreien will, röstet sie ein paar Minuten im Backofen und reibt sie dann zwischen den Händen.

Weißbrot mit Haselnussbutter – eine pikante Vorspeise zu Weißwein

Haselnussbutter

100 g Haselnüsse, ½ getrocknete Tomate, 2 Knoblauchzehen, etwas gehackte Petersilie oder Schnittlauch, 100 g Butter, Salz

1. Haselnüsse fein hacken, getrocknete Tomate fein hacken, mit den gepressten Knoblauchzehen und den Kräutern mischen.
2. Diese Masse unter die weiche Butter rühren, nach Belieben salzen.
3. Im Kühlschrank durchziehen lassen.

Auf getoastetem Weißbrot zusammen mit einem Glas Wein als Vorspeise servieren.

Haselnuss-Spargel-Suppe

250 g Spargel, 150 g Haselnüsse, 1 l Salzwasser, Zucker, Butter, 50 ml trockener Sherry, 1 Becher süße Sahne, Salz, Pfeffer

1. Spargel schälen, Spitzen abschneiden.
2. Haselnüsse klein hacken.
3. Spargel ohne die Spitzen 12–15 min in Salzwasser mit einer Prise Zucker weich kochen, abkühlen lassen, mit der Kochflüssigkeit im Mixer zerkleinern, anschließend durch ein Sieb streichen.
4. Butter schmelzen, gehackte Haselnüsse darin bräunen, Spargelbrühe dazugießen, zum Kochen bringen und dann vom Herd nehmen.
5. Spargelspitzen etwa 10 min darin ziehen lassen.
6. Sherry und Sahne angießen, mit Salz und Pfeffer abschmecken und unter Rühren langsam wieder erhitzen.

Gewöhnlicher Sanddorn

Weidendorn, Dünendorn, Korallenbeere, Pferdsdorn

Hippophae rhamnoides ssp. *rhamnoides*
Ölweidengewächse

Merkmale Sommergrüner, reich verzweigter Strauch oder Baum, 2–6 m hoch. Zweige mit Dornen besetzt. Blätter weidenähnlich schmal und lang, wechselständig, ganzrandig, oben graugrün, unten silbrig weiß. Blüten klein, gelb, sitzen an den Zweigen vom Vorjahr, erscheinen vor den Blättern. Frucht beerenartig kugelig, etwa 5 mm im Durchmesser, orange, sehr saftig, mit einem etwa 3 mm langen Samen.

Blütezeit März bis April.

Fundorte Meeresküsten, Flussufer, helle Kiefernwälder. Vor allem am Alpenrand und an der Nord- und Ostseeküste häufig. Gedeiht gut auf feuchten, sand- und kieshaltigen Böden.

Verwechslung Diesen typischen Strauch kann man nicht mit anderen Sträuchern verwechseln.

Ernte Sanddornfrüchte reifen im September und können bis in den Spätherbst gepflückt werden.

Verwertung Aus Sanddornbeeren stellt man Saft, Marmeladen, Fruchtliköre und in Kombination mit anderen Früchten auch Kompotte her. Äpfel, Birnen, Quitten und Orangen ergänzen das Aroma der Sanddornfrüchte in idealer Weise. Sanddornsaft aromatisiert Limonaden, Liköre, Joghurt, Eis, Mehlspeisen, Gebäck und sogar Fischsuppen. Und er steigert die Abwehrkräfte enorm.

Achtung Sanddornfrüchte sind sehr weich und dünnschalig. Bei unvorsichtigem Pflücken werden sie leicht zerdrückt. Am einfachsten ist es, sie mit einer kleinen Schere vom Zweig zu schneiden. Aber auf keinen Fall sollte man ganze Äste abschneiden und zum Abernten mit nach Hause nehmen. Denn Sanddorn trägt seine Früchte am Altholz und würde dadurch geschädigt werden.

Küchen-Tipp Sanddornbeeren sind die Vitamin-C-Spender schlechthin. Sie enthalten in 100 g Fruchtfleisch bis zu 1200 mg Vitamin C. Um den Vitaminverlust nach der Ernte in Grenzen zu halten, sollten Sanddornbeeren so schnell wie möglich verbraucht werden. Und sie sollten sehr schonend verarbeitet werden. Am besten ist es natürlich, die sauren Beeren roh zu essen, beispielsweise in Obstsalaten. Wer das nicht mag, kann sie auch kurz kochen, mit Honig, Zucker, Vanillezucker oder Anis würzen und zu dickflüssigem Saft oder Mus weiterverarbeiten. Ein regelrechter Geheimtipp ist Eierlikör mit Sanddornsaft.

Sanddornsaft ist der Vitaminspender schlechthin.

Eierlikör mit Sanddornsaft

5 Eigelb, 100 g Zucker, 5 EL Sanddornsaft, 125 ml l süße Sahne, 0,25 l Cognac

1. Eigelb und Zucker im Mixer auf niedriger Stufe schlagen, bis sich der Zucker aufgelöst hat.
2. Nach und nach den Sanddornsaft zugeben.
3. Mixer auf höchste Stufe schalten, Sahne zugeben und schlagen, bis die Masse schaumig ist.
4. Mixer zurückschalten, Cognac langsam untermischen.
5. In eine Flasche abfüllen, kühl lagern und bald verbrauchen.

Sanddornsaft

2 kg Sanddornbeeren, Wasser, 200 g Honig, etwas Vanillezucker

1. Früchte knapp mit Wasser bedecken und weich kochen.
2. Abseihen und durch ein Sieb streichen.
3. Honig und Vanillezucker unter den Saft mischen, diesen noch einmal kurz erhitzen und noch heiß in Flaschen füllen.

Sanddorn-Apfel-Marmelade

0,5 kg Äpfel, 1 kg Sanddornfrüchte, Wasser, 1 kg Gelierzucker

1. Äpfel schälen, achteln.
2. Äpfel und Sanddornfrüchte in wenig Wasser weich kochen.
3. Alles durch ein Sieb streichen.
4. Fruchtmasse mit Gelierzucker erneut aufkochen.
5. Heiß in Marmeladegläser abfüllen.

Gewöhnliche Berberitze

Sauerdorn, Heckensauerampfer, Rote Tintenbeere

Berberis vulgaris
Berberitzengewächse

Merkmale Sommergrüner, reich verzweigter Strauch, 1–3 m hoch. Zweige mit 3-teiligen Dornen. Blätter klein, eiförmig, sitzen in Büscheln in den Achseln der Dornen. Blüten gelb, duftend, in Trauben an Kurztrieben. Frucht eine glasige rote, längliche Beere, enthält 1 bis 3 Samenkerne.
Blütezeit Mai bis Juni.
Fundorte Sonnige Waldränder, Hecken und Gebüsche. Besonders auf Kalkböden verbreitet.
Verwechslung Nicht möglich.
Ernte September bis Oktober. Die Ernte der Berberitzenbeeren ist weniger zeitaufwändig, wenn man die gesamte Fruchttraube mit einer Schere abschneidet.
Verwertung Berberitzen sind der Inbegriff des Sauren. Wer ihre Säure etwas abmildern möchte, friert sie nach der Ernte am besten für kurze Zeit ein. Doch auch bei der anschließenden Weiterverarbeitung ist es sinnvoll, Berberitzen mit süßeren Früchten zu kombinieren. Bekannt ist eine Dreifruchtmarmelade aus Berberitzenbeeren, Äpfeln und Kürbis. Solche Mischmarmeladen, aber auch Gelees und Fruchtmus mit Berberitzen eignen sich gut als Fleischbeilage. Man kann mit ihnen auch Tees und Bonbons aromatisieren.

Achtung Die Samenkerne der Berberitzen schmecken bitter. Sie dürfen bei der Verarbeitung nicht zerdrückt werden.

Gewöhnlicher Wacholder

Wegbaum, Machandel, Knister, Fieberbusch

Juniperus communis ssp. *communis*
Zypressengewächse

Merkmale Immergrüner, oft mehrstämmiger, säulenförmiger Baum oder Strauch, 4–12 m hoch. Nadeln steif, spitz, grün, oben mit weißem Mittelband. Blüten sehr klein, die männlichen gelb, die weiblichen grün. Früchte erbsengroße, zunächst grüne, bei Reife schwarze Beerenzapfen.
Blütezeit April bis Mai.
Fundorte Heiden, Moore, helle Nadelwälder. Meist auf nährstoffarmen Böden, von der Ebene bis in 1600 m Höhe. Die Zypresse des Nordens, wie der Baum auch genannt wird, hat das größte natürliche Verbreitungsgebiet aller Nadelhölzer.
Verwechslung Nicht möglich.
Ernte August bis Oktober.
Verwertung Aus den frischen Beeren wird Saft und Öl gewonnen. Zum Würzen von Likör sind sie unerlässlich und im bekannten Wacholderschnaps eine Wohltat für die Verdauung. Zerdrückt und mit weicher Butter verrührt, ergeben frische Wacholderbeeren einen pikanten Brotaufstrich. Getrocknete Beeren würzen Sauerkraut, Fleischsoßen, Bratenbeizen, aber auch Getreide- und Fischgerichte. Sie sind geschmacksintensiver, wenn man sie zerdrückt.

Achtung Bei übermäßigem Gebrauch können Wacholderbeeren Nierenreizungen verursachen.

Steinpilz

Herrenpilz, Fichtensteinpilz, Edelpilz, Steinkopf

Boletus edulis
Röhrlinge

Merkmale Urtyp eines Röhrenpilzes. Stiel 7–20 cm lang, 3–6 cm dick und nach unten keulenförmig, graubraun mit hellem Adernetz. Hut 7–25 cm breit, jung fast kugelig, später polsterförmig gewölbt, Huthaut hell- bis dunkelbraun, bei feuchtem Wetter etwas schmierig. Röhren anfangs weiß, später blassgelb, im Alter gelboliv. Fleisch anfangs fest, später weich.
Fundorte Nadelwälder, selten auch in Laubwäldern. In manchen Jahren gibt es Massenvorkommen, in anderen ist er kaum zu finden.
Verwechslung Häufig wird der Steinpilz mit dem Gallenröhrling (*Tylopilus felleus*) verwechselt, der zur gleichen Zeit am gleichen Ort vorkommt. Die Röhrenfarbe hilft bei der Unterscheidung: Beim Steinpilz ist sie gelblich, beim Gallenröhrling rosa. Letzte Zweifel vertreibt eine winzige Kostprobe eines Stücks Rohpilz. Ein widerlich bitterer Geschmack verrät den Gallenröhrling.
Ernte Juli bis Oktober.
Verwertung Hervorragender Speisepilz, der auch roh genießbar ist und gut schmeckt. Er eignet sich zum Trocknen oder Einfrieren und passt zu fast allen Gerichten.

Achtung Ältere Exemplare sind meist von sehr vielen Pilzmückenlarven befallen und unbrauchbar. Diese befallenen Exemplare sollten vor Ort liegen bleiben, da Pilzmücken Sporenverbreiter sind.

Butterpilz

Butterröhrling, Schälpilz, Schleimchen, Föhrenschwamm

Suillus luteus
Röhrlinge

Merkmale Stiel 3–6 cm lang, gleichmäßig dick, um den Stiel ein häutiger Ring, der zuerst zitronengelb, später braunviolett gefärbt ist. Hut 4–10 cm breit, beim jungen Pilz halbkugelig, später flach gewölbt, gelb- bis schokoladenbraun, mit einer dicken Schleimschicht überzogen. Röhren zunächst hellgelb, später olivgelb. Fleisch sehr weich, von angenehm säuerlichem Geschmack.
Fundorte Das Myzel dieses Pilzes lebt in Symbiose mit der Kiefer. Er kommt deshalb vor allem in Kiefern- und Bergkieferwäldern vor.
Verwechslung Allenfalls mit dem Gold-Röhrling (*Suillus grevillei*), der nur unter Lärchen wächst, oder dem Schmerling (*Suillus granulatus*) ohne häutigen Ring denkbar.
Ernte Juli bis November.
Verwertung Dieser ausgezeichnete Speisepilz lässt sich auf vielfältige Art zubereiten, muss allerdings sofort nach der Ernte verarbeitet werden, da sein Fleisch schnell verdirbt. Er wird vorwiegend gebraten. Zum Trocknen eignet er sich nicht. Wichtig: Unbedingt vor der Verwertung die Huthaut abziehen. Möglicherweise enthält sie noch nicht näher bekannte Stoffe, die Verdauungsstörungen auslösen.

Achtung Butterpilze sind für manchen Menschen unverträglich. Wer Beschwerden bekommt, muss auf den weiteren Verzehr verzichten.

Birken-Rotkappe

Rotkäppchen, Rothautröhrling, Frauenschwamm, Rothäuptchen

Leccinum testaceoscabrum
Röhrlinge

Merkmale Innerhalb der Röhrlinge nimmt die Gattung *Leccinum*, zu der die Birkenrotkappe und der Birkenpilz gehören, eine Sonderstellung ein. Diese Raufüßröhrlinge haben nämlich trockene Hüte und schuppige Stiele. Stiel 8–15 cm lang, 2–4 cm dick, weiß mit vielen schwarzen, abstehenden Schuppen besetzt, verfärbt sich bei Druck grünblau. Hut orange, 5–20 cm breit, nicht schmierig. Röhren grau bis oliv gefärbt. Fleisch im Anschnitt schwach blauend oder rötend.

Fundorte Stets in Birkennähe, da das Myzel mit Birkenwurzeln in Symbiose lebt. In ganz Europa bis in die Hochlagen häufig. In Skandinavien und Osteuropa sehr häufig.

Verwechslung Kaum vorstellbar. Ähnlich ist allenfalls die Espen-Rotkappe (*Leccinum rufum*), die unter Zitterpappeln anzutreffen ist.

Ernte Juni bis November.

Verwertung Beliebter Speisepilz, weil er kaum Maden enthält. Eignet sich vor allen für gedünstete Mischpilzgerichte, denen er eine besondere Würze verleiht. Er kann getrocknet als Soßenwürzer dienen und pulverisiert lange aufbewahrt werden. Nur zum Einmachen taugt er nicht.

Achtung Das Fleisch wird beim Kochen und Schmoren schwarz. Das beeinträchtigt die Qualität und den Geschmack in keiner Weise.

Reifpilz

Runzelschüppling, Zigeunerpilz, Schulmeisterpilz

Rozites caperatus
Schleierlingsartige

Merkmale Stiel 5–15 cm lang, bis 2 cm dick, schmutzig weiß, mit schmalem, oberseits gerieftem, blassgelbem Ring (!). Hut 4–12 cm breit, zunächst halbkugelig, im Alter ausgebreitet, Hutoberseite semmelfarben, am jungen Pilz mit lila Schein, Lamellen hell bräunlich, dicht stehend.

Fundorte Wächst oft in Gruppen zusammen mit Blaubeeren, Preiselbeeren, Heidekraut und Adlerfarn.

Verwechslung Einige ungiftige Arten der Schleierlingsartigen sind sehr ähnlich. Doch ihnen fehlt der Hautring um den Stiel. Dafür haben sie spinnenwebartige Fäden zwischen Hutrand und Stiel. Den jungen Reifpilz kann man mit 2 Giftpilzen verwechseln, dem Lila Dickfuß (*Cortinarius traganus*) und dem Bocks-Dickfuß (*Cortinarius camphoratus*). Beiden fehlt jedoch der Ring am Stiel und beide riechen widerlich.

Ernte August bis Oktober.

Verwertung Dieser Pilz braucht den Vergleich mit dem Champignon nicht zu scheuen. Dennoch wird er kaum gesammelt. Sein Fleisch ist fest und saftig, ohne zäh zu sein, sein Geschmack angenehm mild. Er macht sich ausgezeichnet in Mischpilzgemüsen, Suppen und Soßen.

Achtung Um Verwechslungen mit giftigen Doppelgängern zu vermeiden, sollte man stets auf den Ring am Stiel achten.

Echter Pfifferling

Eierschwamm, Reherl, Schweinefüßchen, Röllchen

Cantharellus cibarius
Pfifferlingsartige

Merkmale Trichterförmiger Pilz. Besonders typisch für ihn sind oft gegabelte und weit am Stiel herablaufende lamellenähnliche Leisten. Stiel 3–6 cm lang, 1–2 cm breit, fest. Hut 3–15 cm breit, zunächst halbkugelig, später trichterförmig, mit welligem Rand, wie der Stiel dottergelb, manchmal etwas blasser.
Fundorte Weit verbreitet in den Laub- und Nadelwäldern Mitteleuropas, mancherorts aber stark abnehmend.
Verwechslung Ähnlich ist der Falsche Pfifferling (*Hygrophorpsis aurantiaca*). Doch dieser ebenfalls essbare, aber wertlose Pilz ist ledriger und mehr orangegelb gefärbt als der Echte Pfifferling. Ein giftiger Doppelgänger, der Ölbaum-Trichterling (*Omphalotus olearius*), tritt in Mitteleuropa selten, jedoch in Südeuropa recht häufig auf. Dieser Pilz wächst büschelig vor allem an alten Ölbaumstümpfen, ist aber auch am morschen Holz von Eichen und anderen Laubbäumen zu finden. Ein wesentlicher Unterschied zum Echten Pfifferling: Er hat nur wenig oder kaum gegabelte Lamellen.
Ernte Juni bis November.
Verwertung Pfifferlinge schmecken am besten für sich allein. Wer sie vielseitiger nutzen möchte, kann sie mit nahezu allen Gerichten kombinieren. Ihr festes Fleisch bleibt auch bei längerem Kochen oder Dünsten immer bissfest. Darüber hinaus ist es möglich, Pfifferlinge mehrere Tage kühl aufzubewahren.

Achtung Manche Menschen besitzen leider eine angeborene Überempfindlichkeit gegen Pfifferlinge und reagieren auch schon auf kleine Mengen mit Magenbeschwerden.

Küchen-Tipp Pfifferlinge sind in der Küche vielseitig verwendbar. Sie riechen aromatisch und schmecken wunderbar würzig. Sie passen als Suppen- oder Soßeneinlage, zu Fleischgerichten, als Beilage zu Nudeln und Reis, in Omeletts, als Pilzgemüse und sind die klassischen Pilze zu Wildgerichten. Süßsauer eingelegt sind Pfifferlinge eine delikate Vorspeise, die man am besten zusammen mit einem Glas trockenen Sherry oder Portwein genießt. Die Haltbarkeit dieser eingelegten Pilze ist jedoch begrenzt. Nach spätestens 4 Wochen sollten sie verbraucht sein. Wer sich den angenehm würzigen Geschmack der Pfifferlinge länger erhalten möchte, kann sie sterilisieren. Zum Trocknen oder Einfrieren eignen sich Pfifferlinge nicht.

Ein Klassiker: Penne mit Pfifferlingen

Penne mit Pfifferlingssoße

500 g Pfifferlinge, 1 Sträußchen Petersilie, 1 Zwiebel, 100 g geräucherter Speck, Butter, Salz, Pfeffer, 1 Becher süße Sahne, Salzwasser, 500 g Penne

1. Pfifferlinge putzen, möglichst nicht waschen, sondern trocken mit einem Küchenpinsel reinigen, der Länge nach halbieren.
2. Von der Petersilie die Blättchen abzupfen und fein wiegen.
3. Zwiebel und Speck in kleine Würfel schneiden.
4. Speck in einer Pfanne auslassen, etwas Butter dazugeben, danach die geschnittene Zwiebel.
5. Zwiebel glasig dünsten.
6. Pfifferlinge dazugeben und kurz durchbraten, dann mit Salz und Pfeffer würzen und etwa 10 min dünsten.
7. Sahne zu den Pfifferlingen geben, etwas einkochen lassen, dann eventuell nachwürzen und mit der gehackten Petersilie bestreuen.
8. Salzwasser zum Kochen bringen, Penne bissfest kochen.
9. Penne abgießen und auf vorgewärmten Tellern anrichten.
10. Fertige Pfifferlingssoße darüber verteilen und servieren.

Dazu passt ein fruchtiger Weißwein.

Herbst-Trompete

Füllhorn, Schwarzrecherl, Totentrompete

Craterellus cornucopioides
Pfifferlingsartige

Merkmale Dunkler, trichterförmiger Pilz. Stiel und Hut gehen ineinander über. Stiel hohl, Hut mit Stiel 5–15 cm lang, trompetenförmig, rußig grau, in feuchtem Zustand fast schwarz, Hutrand umgeschlagen und wellig. Fleisch zäh-elastisch. Riecht sehr aromatisch. Im Gegensatz zu den Pfifferlingen ohne Lamellen oder Leisten, Stielaußenseite nahezu glatt.
Fundorte Charakterpilz der Buchenwälder. Die ersten Exemplare erscheinen im August, die beste Zeit, sie zu finden, ist aber der Oktober.

Verwechslung Ihr Doppelgänger ist der Graue Pfifferling (*Cantharellus cinereus*). Er ist genauso gefärbt, bleibt aber deutlich kleiner. Dreht man ihn um, sieht man seine gut ausgeprägten Leisten an der Hutunterseite. Ähnlich aussehende Giftpilze gibt es nicht. Selbst der ungeübte Pilzfreund kann hier bedenkenlos sammeln.
Ernte August bis November.
Verwertung Junge Exemplare ergeben eine besonders würzige Einlage in Suppen und Soßen. Ihr Geschmack lässt sich noch steigern, wenn man sie trocknet und pulverisiert. Diese Pilzwürze ist lange haltbar und ein Geheimtipp zu Rouladen. Die jungen Pilze eignen sich auch zum Einmachen in Essig.

Achtung Bei älteren Herbsttrompeten wird der Rand schwarz und schrumpelig. Diese sollten besser im Wald bleiben.

Echter Reizker

Edelreizker, Rostling, Wacholderschwamm

Lactarius deliciosus
Sprödblättler

Merkmale Trichterförmiger Lamellenpilz mit Milchsaft. Stiel 3–7 cm lang, 1–3 cm breit, brüchig, blassorange. Hut 5–15 cm breit, anfangs gewölbt, später trichterförmig, orange, mit dunkleren konzentrischen Ringen. Fleisch zunächst fest, später brüchig und mürbe. Geruch angenehm würzig, Geschmack etwas herb. Beim Anschnitt tritt eine typische möhrensaftähnliche Milch aus, die sich nach einiger Zeit graugrün verfärbt.
Fundorte Der Echte Reizker ist an Kiefern gebunden. Er tritt in den sandigen Kiefernwäldern Norddeutschlands relativ häufig auf.
Verwechslung Mit dem giftigen Birken-Milchling (*Lactarius torminosus*) möglich. Dieser hat jedoch einen wolligen Hut, weiße Milch und wächst nur unter Birken. Ähnlich ist auch der essbare, scharf schmeckende Fichten-Reizker (*Lactarius deterrimus*). Er unterscheidet sich durch seine orangerote Milch, die sich nach 10–30 min weinrot verfärbt. Er wächst unter Fichten.
Ernte August bis Oktober.
Verwertung Der begehrte Speisepilz entwickelt seinen würzigen, pikanten Geschmack am besten in Essig eingelegt. Er eignet sich auch gut zum Braten, ist gekocht oder getrocknet aber unbrauchbar.

Achtung Dieser Pilz färbt den Harn rot, was aber harmlos ist.

Krause Glucke

Blumenkohlpilz, Bärentatze, Echter Ziegenbart

Sparassis crispa
Gluckenpilze

Merkmale Auffälliger Pilz, der mehrere Kilo schwer werden kann. Erinnert im Aussehen ein wenig an einen Badeschwamm. Strunk dick und fleischig, sitzt tief im Boden an der Wurzel eines Nadelbaums. Fruchtkörper 10–40 cm breit, bis 20 cm hoch, Äste bandartig verbreitert, stark gewunden. Fleisch des jungen Pilzes weiß und elastisch, im Alter bräunlich und zäh. Geschmack nussartig, Geruch aromatisch.

Fundorte Wächst meist einzeln am Fuß von Nadelbäumen, besonders von Kiefern. In Gegenden mit ausgedehnten Kiefernwäldern ist dieser Pilz nicht selten.

Verwechslung Eine Verwechslung mit Giftpilzen ist bei dieser typischen Art nicht möglich. Ähnlich und ebenfalls essbar, aber wegen ihrer Seltenheit schonenswert, ist die Breitblättrige Glucke (*Sparassis brevipes*). Dieser Pilz wächst am Fuß von Laubbäumen.

Ernte August bis Oktober.

Verwertung Dieser vorzügliche Speisepilz kann in jeder für Pilze geeigneten Weise verarbeitet werden. Sein großer Fruchtkörper lässt sich lange im Keller aufbewahren, wenn man ihn mit dem Strunk nach unten in Wasser legt.

Achtung Ältere Pilzexemplare mit bereits welken oder braunen Asträndern sind zäh und bitter und sollten im Wald bleiben.

Austern-Seitling

Austernpilz, Kalbfleischpilz

Pleurotus ostreatus
Porlinge

Merkmale Büschelig wachsender Pilz an Baumstämmen. Stiel weiß, sehr kurz und dick, fast seitlich am Hut sitzend, oft nur schwach ausgebildet oder fehlend. Hut 5–15 cm breit, muschelartig, Hutoberfläche weißlich bis graulila. Lamellen am Stiel herablaufend. Fleisch des jungen Pilzes zart und weich, später zäh. Geruch sehr würzig.
Fundorte Austernseitlinge wachsen büschelig an Stämmen und Stümpfen von Laubbäumen, häufig an Buchen oder Pappeln. Eine Kolonie kann aus mehreren hundert Exemplaren bestehen.

Verwechslung Zur gleichen Jahreszeit wächst der Gelbstielige Muschelseitling (*Sarcomyxa serotina*) in ähnlicher Form. Er ist jedoch kleiner und hat einen olivgrünen Hut. Der ungiftige Pilz schmeckt bei der Kauprobe bitter.
Ernte Oktober bis März.
Verwertung Junge Austernseitlinge schmecken in Essig eingelegt ganz vorzüglich. Sie lassen sich aber auch gut dünsten, würzen Gemüseaufläufe und ermöglichen Vegetariern paniert und gebraten ein „Steakerlebnis". Mittlerweile kann man diesen Pilz auch züchten: Ein feuchter Strohballen im Keller mit Myzel aus dem Fachhandel geimpft, bringt schnell reiche Ernte.

Achtung Um die Art am Standort zu erhalten, immer einige Exemplare übrig lassen.

Pilzrezepte

Austernseitling à la Schnitzel

500 g Austernseitlinge, Salz, Pfeffer, Mehl, 1 Ei, Paniermehl, etwas Butter und Öl zum Braten

1. Austernseitlinge mit einer weichen Bürste von Gras und Erdkrümeln befreien, möglichst nicht waschen. Die Stiele abschneiden.
2. Pilzhüte salzen, pfeffern und in Mehl wenden.
3. Ei verquirlen, die Pilze damit bestreichen, anschließend in Paniermehl wälzen.
4. In heißem Öl-Butter-Gemisch auf beiden Seiten knusprig braten.

Wer mag, isst dazu einen frischen Salat.

Steinpilzauflauf

Für 4 bis 6 Portionen
5 große Kartoffeln, 500 g Steinpilze, Olivenöl, Salz, Pfeffer
Für die Soße: 2 Eier, etwa 100 ml Milch, 1 Bund Petersilie, 3 EL Paniermehl, 4 EL geriebener Parmesan, etwas Butter

1. Kartoffeln schälen und in Scheiben schneiden.
2. Pilze putzen, ebenfalls in Scheiben schneiden.
3. Auflaufform mit Öl auspinseln, abwechselnd Lagen von Kartoffeln und Pilzen einlegen, mit Kartoffelscheiben abschließen. Jede Lage salzen, pfeffern und mit Olivenöl einpinseln.
4. Mit der Soße übergießen, mit Butterflöckchen belegen und im vorgeheizten Backofen bei 200 °C 40–50 min backen.

Piroggen mit Pilzfüllung

Für die Füllung: 1 Zwiebel, Butter, 500 g Pilze (Steinpilze, Pfifferlinge, Rotkappen), Salz, Pfeffer, 2 EL saure Sahne, Petersilie
Für die Piroggen: 250 g Mehl, 250 g Quark, 200 g Butter, 2 TL Backpulver, etwas Wasser, Salz, 1 Eigelb zum Bepinseln
Außerdem: zerlassene Butter

1. Pilzfüllung herstellen. Dazu Zwiebel fein hacken, in Butter andünsten, in Scheiben geschnittene Pilze dazugeben, 5 min mitdünsten, mit Salz und Pfeffer abschmecken, dann saure Sahne und gehackte Petersilie unterrühren.
2. Piroggenteig herstellen, ausrollen, in Quadrate schneiden.
3. Jedes Quadrat mit Pilzfüllung belegen, zum Dreieck zusammenschlagen, die Ränder festdrücken und mit verquirltem Eigelb bepinseln.

4. Die gefüllten Piroggen bei 200 °C etwa 20 min backen, noch warm und mit zerlassener Butter servieren.

Waldpilzsoße

100 g Waldpilze, Butter, 1 TL Stärkemehl, 125 ml süße Sahne, Salz, Pfeffer, Muskat, Zitronensaft

1. Die geputzten und geschnittenen Pilze etwa 5 min in Butter dünsten.
2. Das Stärkemehl einrühren.
3. Unter ständigem Rühren die Sahne zugeben, etwa 1 min kochen, dann vom Herd nehmen.
4. Mit Salz, Pfeffer, Muskat und einem Spritzer Zitronensaft abschmecken.

Schmeckt köstlich zu Wildsteaks.

Herbsttopf

500 g Schweinefilet, 500 g Pfifferlinge, 1 Zwiebel, Butter, 125 ml Fleischbrühe, Salz, Pfeffer, Basilikum, 125 ml saure Sahne, Petersilie

1. Fleisch in Scheiben schneiden, Pilze putzen und beliebig klein schneiden, Zwiebel würfeln.
2. Zwiebel in heißer Butter andünsten, Fleisch dazugeben, 5 min mitbraten.
3. Pilze hinzufügen, Brühe angießen, alles mit Salz, Pfeffer und Basilikum würzen, bei schwacher Hitze garen, dabei gelegentlich umrühren.
4. Sahne angießen, noch einmal kurz aufkochen, abschmecken und mit Petersilie bestreuen.

Steinpilze mit Tomaten

500 g Fleischtomaten, 1 Knoblauchzehe, 2 EL gehackte Petersilie, Butter, 500 g Steinpilze, Salz, Pfeffer, 1 Bund Schnittlauch

1. Tomaten häuten, Kerne herausdrücken, Fruchtfleisch würfeln.
2. Tomatenfruchtfleisch mit gepresster Knoblauchzehe und Petersilie in Butter andünsten.
3. In einer weiteren Pfanne die geputzten und geschnittenen Pilze mit Butter andünsten und so lange braten, bis alle Flüssigkeit verdampft ist.
4. Pilze und Tomaten mischen, salzen, pfeffern und mit Schnittlauch bestreuen.

Mit Butterkartoffeln oder einem knusprigen Baguette einfach und delikat

Süße Früchte

Berberitzen-Apfel-Gelee

1 kg Berberitzen, 1 kg Äpfel, 20 Minzblättchen, 0,25 l Wasser, Gelierzucker, 3 EL Cognac

1. Berberitzen, geviertelte Äpfel, Minzblättchen und Wasser langsam erhitzen, aufkochen lassen.
2. Nach dem Aufkochen 20–30 min abkühlen und ziehen lassen.
3. Durch ein Mulltuch gießen und bis zum nächsten Morgen abtropfen lassen.
4. Den Saft mit Gelierzucker in gleicher Menge zum Kochen bringen und 5 min kochen lassen.
5. Cognac zugeben.
6. In heiß ausgespülte Gläser füllen, diese gut verschließen und umgedreht auf einem feuchten Tuch auskühlen lassen.

Brombeer-Apfel-Taschen

250 g Brombeeren, Puderzucker, 5 Äpfel, Butter, 1 Paket tiefgefrorener Blätterteig, 1 Eigelb zum Bepinseln

1. Brombeeren in Puderzucker wenden.
2. Äpfel schälen, das Kerngehäuse ausstechen, in die Höhlung einige gezuckerte Brombeeren stecken, mit einem Butterstückchen verschließen.
3. Blätterteig auftauen, dünn ausrollen, in Quadrate schneiden.
4. In jedes Teigquadrat einen gefüllten Apfel wickeln, dabei die Enden gut festdrücken.
5. Die Blätterteigtaschen gut mit Eigelb bestreichen und bei 190 °C Grad in etwa 45 min goldbraun backen.

Heiß mit Vanillesoße servieren.

Mehlbeerengriespudding

350 g Mehlbeeren, 175 g Zucker, Saft von 1 Zitrone, Wasser, 150 g Gries, 1 Becher süße Sahne

1. Mehlbeeren mit Zucker, Zitronensaft und etwas Wasser weich kochen.
2. Fruchtmasse durch ein Sieb streichen.
3. Das Fruchtmus mit Wasser auf 1 l auffüllen, wieder zum Kochen bringen.
4. Den Gries einrühren und bei schwacher Hitze ausquellen lassen.
5. Den fertigen Pudding in eine kalt ausgespülte Schüssel füllen, abkühlen lassen.
6. Mit einigen Häubchen aus Schlagsahne garnieren.

Mispeln in Rotwein

250 g gut abgelagerte Mispeln, Butter, Zucker, Zimt, 0,25 l Rotwein

1. Die Früchte mit einem scharfen Messer von den Blütenkronen befreien, in Butter dünsten.
2. 1 EL Zucker und etwas Zimt dazugeben.
3. Nach und nach den Wein angießen und die Soße sirupartig reduzieren.

Passt hervorragend zu Wild.

Mus aus Speierlingsfrüchten

1 kg Speierlingsfrüchte, 0,25 l Riesling, 2 EL Honig, 2 EL Butter

1. Die Früchte schälen und samt Kernhaus durch ein Passiersieb drehen.
2. Die Fruchtmasse mit Weißwein, Honig und etwas zerlassener Butter auf niedriger Flamme eine Weile köcheln lassen.
3. Warm oder kalt servieren.

Zusammen mit Waffeln ein ungewöhnlicher Leckerbissen zu fruchtigem Riesling

Speierlingsbaiser

6 Eiweiß, 200 g feiner Zucker, Mus aus 1 kg Speierlingsfrüchten

1. Die Eiweiße zu feinem Schnee schlagen.
2. Den Zucker unter ständigem Weiterrühren löffelweise dazugeben und so lange rühren, bis der Eischnee glatt und glänzend ist.
3. Das Speierlingsmus in eine feuerfeste Form geben, den gezuckerten Eischnee darüber verteilen und im Backofen bei 130–150 °C langsam backen.

Schietwettertee

100 g entkernte Hagebutten, 100 g Weißdornfrüchte, 100 g Holunderbeeren, 50 g Blaubeeren, 50 g Erdbeeren, 100 g Orangenschalen von unbehandelten Orangen, kochendes Wasser, Honig oder Kandiszucker

1\. Früchte und Orangenschalen trocknen. Das Trocknen muss schnell geschehen, damit die Früchte nicht schlecht werden. Am einfachsten geht das im Backofen bei etwa 40 °C und leicht geöffneter Tür. Nach einigen Stunden sind die Früchte trocken, aber nicht hart.

2\. Die getrockneten Früchte im Mixer grob zerkleinern und in einer Teedose aufbewahren.

2\. Pro Tasse Wildfrüchtetee 1 EL dieser Teemischung mit kochendem Wasser aufgießen.

3\. 10 min abgedeckt ziehen lassen, abseihen und nach Belieben mit Honig oder Kandiszucker süßen.

Pikante Früchte

Käse-Haselnuss-Bällchen

Einige Haselnüsse, 250 g weichen Briekäse, 1 EL Cognac, Butter, süße Sahne

1. Haselnüsse fein hacken, ohne Fett rösten.
2. Käse in Scheiben schneiden, diese mit einer Gabel zerdrücken, etwas Cognac, Butter und süße Sahne zufügen und gut mischen.
3. Bällchen formen und diese in den gerösteten Haselnüssen wälzen.

Wacholdersoße

1 Zwiebel, 1 EL Butter, 1 EL geriebener Pumpernickel, 3 EL geriebenes Schwarzbrot, 1 Tasse Wildfond, 125 ml Rotwein, ½ ausgepresste Zitrone, 2 Eigelb, 1 EL Wacholderbeeren, Salz, Pfeffer, Thymian

1. Zwiebel schneiden, in Butter dünsten.
2. Brotbrösel, Wildfond, Rotwein, Zitronensaft, Eigelb und die in Butter gedünstete Zwiebel mit den zerdrückten Wacholderbeeren und den anderen Gewürzen mischen.
3. Das Ganze bei schwacher Hitze quellen lassen, dabei ab und zu umrühren.

Vor dem Servieren kräftig abschmecken.

Sauerkrautauflauf mit Wacholder

1 kg Sauerkraut, 2 Schalotten, Butter, etwas Weißwein, 125 ml saure Sahne, 12 Wacholderbeeren, Butter für die Form
Für die Käsesauce: 3 Eier, 125 ml Milch, 125 ml süße Sahne, Salz, Pfeffer, 100 g geriebener Parmesan

1. Sauerkraut auspressen, grob schneiden.
2. Schalotten schneiden, in Butter dünsten.
3. Sauerkraut und einen Schuss Weißwein dazugeben, kurz mitdünsten.
4. Saure Sahne und zerdrückte Wacholderbeeren unterrühren.
5. Alles in eine gebutterte Auflaufform geben.
6. Eier, Milch und Sahne verquirlen, mit den Gewürzen abschmecken, Käse unterheben.
7. Über die Gemüsemasse gießen, eventuell noch mit etwas geriebenem Käse bestreuen.
8. Bei 200 °C etwa 30 min backen.

Mit einem knusprigen Butterbaguette und einem Glas Weißwein ein feines Essen

Schlehenchutney

100 g Rosinen, 250 g Schalotten, 2 TL Olivenöl, 750 g Schlehenfruchtfleisch ohne Kerne, Nelkenpulver, 50 g Honig, 1 TL frisch geriebener Ingwer, Koriander, Salz

1. Rosinen 3 h in Wasser einweichen.
2. Fein geschnittene Schalotten im Olivenöl andünsten, Schlehenfruchtfleisch und Rosinen dazugeben und bei kleiner Hitze weich dünsten.
3. Mit Nelkenpulver, Honig, Ingwer, Koriander und wenig Salz abschmecken.
4. Etwas durchziehen lassen.

Dieses Chutney ergänzt Leber und Schweinefilets oder auch vegetarische Grünkernbratlinge.

Pikante Brombeersoße

250 g Brombeeren, 40 g Zucker, 125 ml Rotwein, 3 EL Cognac, je 1 Messerspitze Nelkenpulver und Zimt, 1 TL scharfer Senf

1. Brombeeren durch ein Sieb streichen.
2. Das Fruchtmus mit den übrigen Zutaten zu einer sämigen Soße verkochen.
3. Pikant abschmecken.

Passt ausgezeichnet zu kaltem Fleisch.

Register

Literatur

Aichele, D. und M. Golte-Bechtle: Was blüht denn da? 2008, Kosmos Verlag, Stuttgart

Aichele, D. und H.-W. Schwegler: Die Blütenpflanzen Mitteleuropas. 2004, Kosmos Verlag, Stuttgart

Becker, K. und S. John: Farbatlas Nutzpflanzen Mitteleuropas. 2000, Ulmer Verlag, Stuttgart

Boksch, M. und I. Bott: Gesunde Wildkräuterküche. 1984, BLV Verlagsgesellschaft, München

Erlbeck, R., Haseder, I. und G. Stinglwagner: Das Kosmos Wald- und Forstlexikon. 2009, Kosmos Verlag, Stuttgart

Fleischhauer, S. G.: Enzyklopädie der essbaren Wildpflanzen Mitteleuropas. 2003, AT Verlag, Aarau

Gööck, R.: Kochbuch für das einfache Leben. 1980, Heyne Verlag, München

Helm, E. M.: Feld-, Wald- und Wiesenkochbuch. 1987, Heyne Verlag, München

Heüveldop, C.: Heimische Beeren in Wald und Flur. 1996, Aschendorff Verlag, Münster

Hollerbach, E. und K. Hollerbach: Kraut und Unkraut zum Kochen und Heilen. 1984, Hugendubel Verlag, München

Horn, E.: Wildfrüchte und Pilze in der Küche. 1988, BLV Verlagsgesellschaft, München

Laux, H. E.: Der große Kosmos-Pilzführer. 2010, Kosmos Verlag, Stuttgart

Laux, H. und H. E. Laux: Kochbuch für Pilzfreunde. 1987, Kosmos Verlag, Stuttgart

Oberdorfer, E. und T. Müller: Pflanzensoziologische Exkursionsflora. 2001, Ulmer Verlag, Stuttgart

Recht, C. und M. F. Wetterwald: Ernte am Wegrand. 2002, Ulmer Verlag, Stuttgart

Roth, L., Daunderer, M. und K. Kormann: Giftpflanzen, Pflanzengifte. 1994, Nikol Verlagsgesellschaft, Hamburg

Scherf, G.: Wildfrüchte und Wildkräuter. 2004, BLV Verlagsgesellschaft, München

Strehlow, W.: Das Hildegard-von-Bingen-Kochbuch. 1996, Heyne Verlag, München

Wichtl, M.: Teedrogen und Phytopharmaka. 2002, Wissenschaftliche Verlagsgesellschaft, Stuttgart